RECHERCHES

SUR LE GISEMENT

DES MINÉRAIS MÉTALLIQUES

DANS L'AVEYRON,

ET SUR

LES RELATIONS QUI EXISTENT ENTRE CES MINÉRAIS ET LES DIVERS
PRODUITS DES ÉRUPTIONS PLUTONIQUES,

Par M. Ad. BOISSE,

Ingénieur des Mines.

(Extrait du 8e volume des Mémoires de la Société des Lettres, Sciences et Arts de
l'Aveyron).

RODEZ,

Imprimerie de N. RATERY, rue de l'Embergue, 21.

1858.

RECHERCHES

SUR LE GISEMENT

DES MINÉRAIS MÉTALLIQUES

DANS L'AVEYRON,

ET SUR

LES RELATIONS QUI EXISTENT ENTRE CES MINÉRAIS ET LES DIVERS
PRODUITS DES ÉRUPTIONS PLUTONIQUES,

Par M. Ad. BOISSE,

Ingénieur des Mines.

(Extrait du 8ᵉ volume des Mémoires de la Société des Lettres, Sciences et Arts de
l'Aveyron).

RODEZ,

Imprimerie de N. RATERY, rue de l'Embergue, 21.

—

1858.

RECHERCHES SUR LE GISEMENT DES MINÉRAIS MÉTALLIQUES DANS L'AVEYRON, ET SUR LES RELATIONS QUI EXISTENT ENTRE CES MINÉRAIS ET LES DIVERS PRODUITS DES ÉRUPTIONS PLUTONIQUES.

—

But et tendance du Mémoire.

Les seuls minérais métalliques, exploités aujourd'hui sur une grande échelle dans le département de l'Aveyron, sont les minérais de fer ; mais ce ne sont point les seuls que la nature paraisse y avoir produit avec quelque abondance.

Nous trouvons dans les traditions locales, dans une foule de documents historiques (1) et surtout dans l'étude des anciennes mines, dans les excavations profondes auxquelles leur exploitation a donné lieu, dans les amas de déblais qui encombrent les orifices de ces excavations, enfin dans les traces d'anciennes usines et dans les produits d'art provenant du traitement métallurgique des minérais, la preuve incontestable que les mines de plomb, cuivre, argent, de l'Aveyron, ont été jadis l'objet d'une exploitation importante.

Les conditions de gisement de ces mines ont d'ailleurs une grande analogie avec celles que nous présentent les gîtes des contrées minérales les plus riches, notamment les gîtes de Freyberg, de la Toscane, de l'Oural, du Chili.......

(1) *Mémoires sur l'histoire du Rouergue*, par M. Bosc ; — *Archives du comté de Rodez et de Villefranche ; — Statistique minéralogique de l'Aveyron*, par M. Blavier (*Journal des mines*, tome 19) ; — *Recueil de documents sur l'exploitation des mines métalliques de l'Aveyron* (chez Langlois et Leclerc. Paris, 1847) ; — *Mémoire de M. Fournet sur les mines de Creissels, le Minier, Najac.* (*Annales de la société royale d'agriculture, histoire naturelle et arts utiles de Lyon, 1842*).

1

Les épreuves chimiques auxquelles ont été soumis les minérais extraits tant des anciennes mines que des filons vierges récemment explorés, montrent enfin que, sous le rapport de la teneur métallique, les minérais de l'Aveyron ne le cèdent guère à ceux d'aucune autre contrée.

Il ne serait donc nullement improbable que leur exploitation ne puisse, sur quelques points, devenir fructueuse et fournir les éléments d'une industrie nouvelle.

Il y a trente ans à peine les gîtes ferrifères de l'Aveyron n'étaient ni mieux connus ni mieux utilisés que ne le sont aujourd'hui les autres mines métalliques; tout le monde sait quelle importance ils ont acquise. Grâce à l'exploitation de ces gîtes, auxquels leur étendue, leur richesse, leur allure régulière assignent un rang élevé parmi les sources les plus fécondes de richesse minérale que la France possède, l'existence des belles usines qu'elles alimentent dans le bassin de Decazeville est pour longtemps assurée, et le département de l'Aveyron peut compter désormais parmi ceux où l'industrie du fer voit s'ouvrir devant elle un plus long et plus bel avenir (1). — Les industries métallurgiques ayant pour but la production de métaux autres que le fer, peuvent-elles espérer un avenir semblable? Il serait imprudent peut-être de formuler dès à présent une opinion à cet égard : des recherches ultérieures, des travaux sérieux suivis avec courage et persévérance pourront seuls nous éclairer sur la valeur réelle des gîtes, sur leur avenir probable. En pareille matière, quand l'on ne peut appuyer son opinion sur des faits certains bien connus, sur des preuves et des calculs positifs et précis, une prudente réserve commande de s'abstenir, et ce sentiment de réserve est d'autant plus impérieux, que l'on a plus à redouter l'entraînement d'une impression première, basée trop souvent sur de séduisantes mais trompeuses apparences. Je me bornerai donc à donner dans ce mémoire un sim-

(1) Les usines à fer de Laforézie et de Decazeville ont été fondées en 182 par les soins de M. Cabrol. — Sous l'impulsion énergique et puissante de son habile fondateur, cet établissement s'est placé dès son début aux premiers rangs parmi les établissements métallurgiques de la France et de l'Europe entière.

ple exposé des faits, laissant à chacun le soin de déduire les conséquences qui lui paraîtront le plus naturelles.

Dans un mémoire descriptif des mines de Pontgibaud, récemment inséré dans les *Annales des mines* (tome XVIII, 4me série, page 137), MM. Rivot et Zeppenfel exposent en ces termes les considérations qui les ont engagés à publier cet important travail : « A l'exemple des » mines de Poulawen et de Huelgoat, en Bretagne, ex-» ploitées sans interruption depuis plus d'un siècle, nous » voulons joindre celui des mines de Pontgibaud, dans » lesquelles la reprise des travaux date de vingt ans à » peine ; nous espérons que dans un avenir assez rap-» proché, l'exploitation des mines de plomb, cuivre, » argent, zinc, étain, etc., dans l'Aveyron, dans la Lo-» zère, dans le Morbihan, et probablement dans bien » d'autres localités, viendra confirmer l'opinion que » nous émettons ici avec confiance, que le sol de la » France est aussi riche en minérais métalliques que » ceux des autres pays de l'Europe..... »

Mu par la même pensée, m'associant aux vœux et aux espérances exprimées dans cet exposé de motifs, j'ai voulu contribuer, moi aussi, dans l'étroite limite de mes forces, à la réalisation de ces espérances, en traçant dans ce mémoire un inventaire rapide, des nombreux indices de mines métallifères que présente le sol de l'Aveyron. — A la vue des gîtes nombreux répandus avec profusion sur la surface entière du département, à la vue des indices de toute sorte qui, à chaque pas, signalent l'influence énergique des agents mis en jeu par la nature pour opérer la concentration des minérais métalliques, il m'a semblé impossible de ne point reconnaître dans cette contrée un foyer actif d'émanations minérales, et j'ai pensé qu'il ne serait pas sans intérêt de réunir dans ces notes les observations propres à jeter quelque lumière sur le mode d'action, le degré d'énergie des agents minéralisateurs. — Mon but sera atteint si, en appelant l'attention sur un ensemble de gîtes fort remarquables au point de vue géologique, et non moins dignes d'intérêt au point de vue industriel, ces notes pouvaient avoir pour effet de hâter la mise en valeur de richesses aujourd'hui improductives, et contribuer à doter nos contrées d'une industrie qui serait peut-être pour elle une nouvelle et abondante source de prospérité.

Je n'essaierai pas de décrire un à un et en détail tous les gîtes observés : ces gîtes sont trop nombreux, la contrée dont mes explorations embrassent l'ensemble est trop vaste pour qu'il fût possible d'entreprendre sans témérité un semblable travail : dans un cadre aussi vaste l'on ne peut s'attendre à trouver une étude complète et finie des détails ; j'ai dû me contenter de tracer une ébauche, d'esquisser à grands traits le tableau minéralogique de la contrée. — Mon projet est moins de faire connaître chaque gîte considéré en lui-même, isolément, que d'en étudier l'ensemble, les relations, que de réunir en faisceau pour leur donner plus de force les faits isolés se rattachant plus ou moins directement à la production de ces gîtes.

Fournir de nouveaux éléments à l'étude théorique des gîtes métallifères, montrer par le groupement des observations recueillies dans l'Aveyron l'action énergique des phénomènes minéralisateurs, dont les traces se trouvent nombreuses et profondément marquées sur toute l'étendue du département, tel est le double but que je me suis proposé.

Relations entre les gîtes métallifères et les produits des éruptions plutoniques.

Je prendrai pour guide dans ces notes les travaux si lumineux de M. Elie de Beaumont sur les filons, les émanations métallifères et volcaniques (1). — Admettant avec l'auteur de ce remarquable mémoire que les filons pierreux et métallifères, les amas et filons de roches injectées, les sources minérales, les émanations volcaniques, gazeuses ou autres, et même certains dépôts stratifiés, sont autant de formes diverses sous lesquelles se manifestent les effets d'une même cause, d'une même action géologique, je serai naturellement conduit à rechercher les faits se rattachant à ces divers phéno-

(1) *Note sur les émanations volcaniques et métallifères*, par M. E. de Beaumont. *Bulletin de la société géologique de France,* 2ᵐᵉ série, tome 4, p. 1249.

mênes pour reconnaître , par leur rapprochement , par leur comparaison, ce qu'il y a eu de puissance , pendant les diverses périodes géologiques , dans les causes génératrices des minérais métallifères. Ces considérations justifieront la marche suivie dans ce mémoire, elles expliqueront pourquoi , dans un travail ayant pour objet principal le gisement des minérais métalliques , j'ai cru devoir signaler, non-seulement tous les gîtes de cette nature qui me sont connus , en y comprenant même ceux où les minérais , réduits à de *simples indices* , ne semblent offrir aucun intérêt industriel , mais encore tous les produits qui se rattachent aux gîtes métallifères.

Nous aurons donc à étudier comparativement les roches éruptives , les dislocations résultant du soulèvement de ces roches , les filons , les sources minérales , les dépôts métalliques ou autres créées sous l'influence des vapeurs thermales qui émanent des foyers éruptifs, en un mot tous les produits médiats ou immédiats des phénomènes plutoniques. J'adopterai d'ailleurs, dans l'examen de ces produits, la classification si simple et si rationnelle proposée par M. E. de Beaumont, classification dont il ne sera peut-être pas inutile de rappeler succinctement la base et les principes fondamentaux.

Classification des gîtes métallifères et des produits connexes, d'après la théorie de M. E. de Beaumont.

L'éruption des roches ignées a dû avoir pour résultat immédiat la dislocation, le brisement des roches , à travers lesquelles elles se sont fait jour ; de là la production de fissures plus ou mois étendues , dont une partie a pu être immédiatemeut remplie par la matière éruptive elle-même , tandis qu'une autre partie restée libre a pu servir de conduit de dégagement pour les émanations qui s'échappaient de la masse éruptive non encore refroidie.

La condensation des matières minérales entraînées à l'état moléculaire, sur les parois de ces conduits de dégagement, a dû produire les incrustations pierreuses ou métallifères des filons. — Ces mêmes émanations , lorsque l'orifice des cheminées d'évacuation aboutissait à un

sol immergé , ont pu réagir sur les produits sédimentaires et donner naissance à des dépôts d'origine mixte ,
tantôt métallifères , tantôt pierreux , suivant la nature
des émanations et celle des sédiments soumis à leur influence.

Tel est en peu de mots l'historique de la formation
des gîtes métallifères , d'après les principes de la théorie
la plus rationnelle , la plus en harmonie avec les faits
observés.— La classification méthodique des minérais
métalliques et de tous les produits essentiels ou accessoires des éruptions en découle naturellement. — Ces
produits sont , *en premier lieu* , les roches éruptives
qui forment des masses souvent considérables, des amas
ou des filons injectés ; *en second lieu* , les émanations
volcaniques ou métallifères qui , suivant leur nature et
celle du milieu dans lequel elles se meuvent et se con-
densent, suivant les conditions variables de température
de gisement...., ont dû produire les minéraux concrétionnés des filons, les sources minérales, l'altération
par voie métamorphique de certaines roches préexistantes, la formation de dépôts sédimentaires anormaux,
métallifères ou pierreux , en couches ou en amas stratifiés.

Les produits de cette seconde classe, plus variés que
ceux de la première, ne sont en quelque sorte que les
produits accessoires des éruptions , bien qu'ils en dépendent directement. Ils comprennent les matières que
M. E. de Beaumont a désignées sous la dénomination de
matières volcaniques à la manière du soufre , par
opposition aux produits de la première classe, auxquels
il donne le nom de *matières volcaniques à la manière
des laves* (1).

Les gîtes métallifères et les matières minérales qui ,
liés à eux par des rapports de composition , de gisement et d'origine , sont également sous la dépendance
directe des éruptions plutoniques , peuvent donc se diviser en deux groupes bien distincts , à savoir :

1° Les matières éruptives elles-mêmes , les amas et
filons injectés qui nous représentent les produits essen-

---

(1) Voir le mémoire déjà cité , page 1250.

tiels et directs, si ce n'est même la cause efficiente des éruptions.

2° Les matières minérales métallifères ou non, créées sous l'influence plus ou moins directe, plus ou moins prolongée des émanations souterraines qui s'échappent des foyers éruptifs.

Chacun de ces groupes comprend un certain nombre de produits susceptibles de se subdiviser à leur tour, de manière à former deux séries parallèles, dont les termes correspondants présentent entre eux les rapports les plus remarquables.

Comparant les roches éruptives entre elles, sous le point de vue

De leur gisement,

De leur structure,

De leur composition élémentaire,

De leur richesse en silice,

M. Elie de Beaumont a divisé ces roches en trois classes, qui sont :

Les roches granitiques ou silicifères ;

Les roches basiques [roches trapéennes de M. Burat] (1) ;

Les roches volcaniques.

Des divisions analogues peuvent être établies dans la série des produits accessoires des éruptions et font ressortir, avec la plus grande évidence, les analogies frappantes de composition qui existent entre ces produits et les roches avec lesquelles ils se trouvent habituellement en relation. — Ainsi, aux roches *granitiques ou acidifères* caractérisées par un excès de silice libre, par la présence de silicates anhydres saturés d'acide, par leur structure éminemment cristalline, enfin par le grand nombre de composants élémentaires, se rattache, par des rapports de contact ou du moins de voisinage, souvent même par voie de pénétration mutuelle et de mélange des produits, une classe particulière de filons, *les filons stannifères*, dont les principaux caractéres sont :

1° Une grande richesse en corps élémentaires composants (l'on y trouve 48 des 56 corps simples connus) ;

(1) Voir les *Annales des mines*, 4ᵐᵉ serie, tome XIII.

2° L'absence des silicates hydratés et basiques ;

3° La variété des éléments minéraux et leur tendance à la cristallisation.

Les *filons ordinaires*, qui sont plus habituellement en rapport avec les roches *trapéennes* ou *basiques* caractérisées par une moindre richesse en corps simples, par l'absence ou l'extrême rareté de la silice libre, par la présence de silicates neutres ou basiques et de minéraux hydratés, sont de leur côté distingués par des caractères analogues ; ils sont moins riches que les filons stannifères en corps simples, dont le nombre se trouve réduit à 42. Ils contiennent assez fréquemment des zéolites et autres minéraux hydratés, des silicates neutres ou même sursaturés de base.

Dans les *émanations volcaniques* et dans les *sources minérales* qui se rattachent aux roches *éruptives modernes*, et que nous pouvons considérer comme des *filons en voie de formation*, nous trouvons encore, comme dans les roches volcaniques elle-mêmes, une nouvelle diminution dans le nombre des corps simples, qui n'est plus que de 24. — La même loi de décroissement existe donc dans les deux séries de produits que nous venons de comparer, et si l'on remarque d'ailleurs que les éléments dominants

Dans les filons stannifères,

Dans les filons ordinaires,

Dans les sources minérales,

Dans les émanations volcaniques,

sont les mêmes qui dominent

Dans les roches éruptives acidifères,

Dans les roches éruptives basiques,

Dans les roches volcaniques anciennes,

Dans les roches volcaniques modernes,

l'on est forcément conduit à admettre, comme conclusion naturelle incontestable de ces faits, qu'à chaque groupe de roches éruptives correspond un groupe de produits minéraux accessoires, et qu'entre les termes correspondants des deux séries, il existe, ainsi que nous l'avons déjà dit, une corrélation remarquable, basée non-seulement sur les rapports de gisement, mais encore sur la composition, de telle sorte que les divisions

établies dans chacune des deux séries reposent sur le
même ensemble de caractères chimiques.

Je n'insisterai pas plus longtemps sur ces considérations générales , développées avec tant de lucidité par
M. E. de Beaumont (1). Si je les ai reproduites ici , c'est
parce qu'elles m'ont paru propres à justifier les tendan-
ces de ce mémoire , à faire comprendre l'importance de
nombreuses observations en apparence étrangères au
sujet que nous aurons à citer, à nous éclairer enfin dans
les discussions théoriques qui peuvent se présenter à
nous.

Les divers produits que je viens de citer comme se
rattachant, par une connexité d'origine, aux gîtes métallifères , se trouvent répandus , ainsi que ces gîtes eux-
mêmes , sur la surface presque entière du département.
Si l'on excepte ceux qui sont plus particulièrement placés sous la dépendance des phénomènes volcaniques
actuels, il n'est aucun de ces produits qui ne s'y trouve
représenté ; il n'est d'ailleurs presque aucune portion du
département où l'on ne puisse retrouver la trace des
phénomènes éruptifs, où l'on ne puisse constater l'influence de ces phénomènes sur la génération des minérais métalliques.— Toutefois , quel que soit le caractère
de généralité qui a présidé à la distribution des gîtes métallifères , ils se trouvent cependant groupés plus nombreux et plus riches dans quelques districts privilégiés ,
où l'action des phénomènes minéralisateurs paraît s'être
exercée avec plus d'énergie ; de là, la distinction d'un
certain nombre de groupes ou districts métallifères que
nous étudierons séparément. Mais avant d'entrer dans
cette étude de détail, il ne sera point inutile de jeter
d'abord un regard d'ensemble sur les principaux faits
que nous aurons à discuter et à décrire ; d'éclairer par
une reconnaissance rapide le terrain de nos observations, terrain sur lequel l'extrême multiplicité des détails pourrait parfois égarer notre marche , si par un
exposé rapide des faits les plus saillants, nous n'avions
soin de jalonner en quelque sorte la voie que nous aurons à parcourir. — Ce premier aperçu, tout en nous

____

(1) *Mémoire sur les émanations volcaniques et métallifères ,*
déjà cité.

donnant une idée préalable de la multiplicité, de l'extrême variété des gîtes minéraux et des produits connexes, nous mettra à même de mieux saisir ensuite l'ensemble des faits, de mieux apprécier leurs analogies, leurs liaisons, et de rapporter plus facilement à un but commun les résultats fournis par les études de détail.

Plan du Mémoire.

Ce mémoire se divisera donc en deux parties distinctes. Dans la première, consacrée à l'énumération des gîtes métallifères et des produits connexes, nous passerons successivement en revue :

1° Les *produits métallifères* médiats et immédiats des éruptions plutoniques ;

2° Les *produits non métallifères* des mêmes éruptions.

Dans la deuxième partie, nous rechercherons, par l'étude comparée de quelques exemples pris dans les districts métallifères les plus riches, les lois générales de gisement des minérais, considérés soit en eux-mêmes, soit dans leurs rapports avec les phénomènes connexes.

Quant aux subdivisions de chacune de ces parties, elles sont indiquées dans le tableau suivant, résumé anticipé qui fera mieux saisir l'enchaînement des faits groupés dans ce mémoire.

CANEVAS DE LA PREMIÈRE PARTIE.

Ch. Ier. — Produits métallifères des éruptions.
(Gîtes métallifères).

Minérais en filons
(Filons métalliques).

Filons contenant du manganèse.
»   du fer.
»   du zinc.
»   du plomb.
»   du cuivre.
»   de l'argent.
»   de l'antimoine.
»   métaux divers.

Minérais en roches
(Roches métallifères)

Roches plutoniques *originairement* métallifères.
Roches plutoniques *accidentellement* métallifères.
Roches stratifiées *originairement* métallifères.
Roches stratifiées *accidentellement* métallifères.

Ch. II. — Produits non métallifères des éruptions.
(Produits connexes).

Roches *éruptives massives*,
Roches *stratifiées anormales*, —déposées sous l'influence combinée de la sédimentation et des émanations volcaniques,
Roches *métamorphiques non métallifères*.

Ch. III. — Documents relatifs à la teneur métallique de divers minérais.

Résultats d'essais et analyses relatifs à des minérais
De manganèse,
De fer,
De plomb,
De cuivre,
D'argent.

PREMIÈRE PARTIE.

Enumération des gîtes métallifères et des produits connexes.

—

§ Ier. — PRODUITS MÉTALLIFÈRES DES ÉRUPTIONS.

Les minérais métallifères se trouvent dans le département de l'Aveyron :

1° A l'état de filon,

2° En couches ou dépôts stratifiés ,

3° En parcelles plus ou moins fines , plus ou moins abondantes , imprégnant soit des couches sédimentaires , soit des roches ignées ,

4° En blocs ou amas isolés ou confusément groupés.

Filons métallifères.

Les gîtes en filons sont de beaucoup les plus nombreux : les métaux qui entrent dans leur composition , sont :

Le manganèse ,

Le fer,

Le nickel ,

Le zinc ,

Le plomb ,

L'urane ,

Le cuivre ,

L'argent ,

Le titane ,

L'arsenic ,

L'antimoine ,

Le tellure ,

Et le chrôme.

Parmi ces métaux , il en est six, le nickel, l'urane, le titane , l'arsenic , le tellure et le chrôme qui sont fort rares dans les filons de l'Aveyron ; ce n'est même qu'avec doute que je cite le tellure, n'ayant pas eu l'occasion de l'observer moi-même (1). Le même motif

____

(1) M. Marcel de Serres cite le tellure comme se trouvant à

m'a engagé à ne point faire figurer dans cette liste deux autres métaux , le mercure et l'or, qui cependant , si l'on croit à certaines traditions , à certains documents en apparence véridiques , ne seraient pas tout-à-fait étrangers à nos mines.

Les minérais métalliques dominant dans ces filons , sont :

1° Pour le *manganèse :*

    Le péroxyde de manganèse ,
    Le manganèse silicaté.

2° Pour le *fer :*

    L'hématite brune ,
    Le fer oligiste ,
    Le fer oxydulé ,
    Le fer spathique ,
    La pyrite ,
    La pyrite arsenicale ,
    Le fer chrômé ,
    Le fer carburé (graphite).

3° Pour le *zinc :*

    Le zinc carbonaté ,
    La calamine ,
    La blende.

4° Pour le *plomb :*

    La galène ,
    Le plomb carbonaté ,
    Le plomb phosphaté ,
    Le plomb aluminophosphaté ,
    Le plomb sulfaté ,
    La jamesonite.

5° Pour le *cuivre :*

    Le cuivre oxydé noir,
    Le cuivre oxydulé ,
    Le cuivre sulfuré ,
    Le cuivre panaché ,

l'état natif aux environs d'Entraygues ; mais le lieu précis de ce gisement n'étant pas indiqué dans la notice géologique à laquelle j'emprunte cette citation , je n'ai pu le retrouver (Marcel de Serres , *Notice géologique sur l'Aveyron* , p. 22).

La pyrite cuivreuse ,
Le cuivre gris ,
La bournonite ;
Le cuivre carbonaté vert et bleu ,
Le cuivre hydrosilicaté.

L'on trouve aussi du cuivre natif et du cuivre sulfaté, mais ces minérais , rares d'ailleurs , sont très-probablement, de même que les carbonates et les hydrosilicates , des produits accidentels dus à la décomposition des sulfures.

6° L'*argent* se trouve associé en proportion souvent assez considérable dans quelques sulfures métalliques, notamment

A la pyrite ferrugineuse ,
A la pyrite cuivreuse ,
Et surtout à la galène ;

Mais il n'existe point à ma connaissance , dans l'Aveyron , de minérai exclusivement argentifère.

7° L'*antimoine* ne se trouve guère qu'à l'état

De sulfure d'antimoine ,
D'antimoine sulfuré ,
D'oxyde d'antimoine.

Quant aux autres métaux , le nickel , l'urane , le titane , l'arsenic , le tellure et le chrôme , ils ne doivent être considérés que comme éléments accessoires , rares et sans importance.

Les filons métallifères les plus fréquents sont les filons ferrugineux , les filons cuprifères et plombifères : ces derniers renferment souvent de l'argent.

Les gangues pierreuses les plus habituelles sont, dans l'ordre de leur prédominance ,

Le quartz ,
La baryte sulfatée ,
La chaux carbonatée ,
La chaux fluatée ,
La chaux sulfatée.

Parmi les gangues métalliques on remarque surtout :

Le fer carbonaté ,
La pyrite de fer,
La blende.

Il est rare qu'un même filon métallifère ne contienne

à la fois plusieurs métaux.— Les sulfures de plomb, de cuivre, de zinc et d'antimoine se montrent surtout fréquemment associées : le manganèse accompagne souvent le fer.

Voici l'indication sommaire des localités où ont été observés des filons métallifères, en ne tenant compte que des minérais de manganèse, de fer, de zinc, plomb, cuivre, argent, antimoine, les seuls, comme nous l'avons déjà dit, qui offrent quelque importance (1).

Filons manganisifères.

Le manganèse oxydé et silicaté se trouvent en filons aux environs de Lanuéjouls, à Cantaloube, près Mauron ; à Campels, près Mauron ; aux environs de Malleville; à Cantagrel, près Sanvensa; à Vaysa, près Testas ; à Couraux, près Najac ; à Laurière, à Monteils (S), à Magnols (F), à Belmont (F), à Vèzes, près Cadours (S) ; à Montals, près Saint-Julien-de-Piganiol.

Indépendamment de ces filons où le manganèse constitue la matière métallique dominante, le même métal se trouve encore dans plusieurs filons ferrugineux, tels que ceux de Kaïmar, de Poureillet, de Cliqui, de Barès..... Le manganèse carbonaté existe aussi dans plusieurs fers spathiques : il entre pour une proportion de 10 pour cent dans la composition des fers spathiques de Magnols, de la Serène, de Cassagnes.

Filons ferrugineux.

Le fer se trouve, ainsi que nous l'avons dit, dans les

(1) J'ai visité la plupart des localités indiquées dans cette énumération, il y a néanmoins quelques filons que je ne saurais citer *de visu*. J'aurai soin de faire connaître pour ceux-là les autorités auxquelles j'emprunterai mes citations, en plaçant à la suite de l'indication de localités, les initiales du nom de l'auteur. Voici les noms que j'aurai le plus souvent à citer, et l'explication des signes abréviatifs employés :

(S)—Senez
(H)—De Hennezel.
(F)—Fournet.
(Bl)—Blavier.

filons de l'Aveyron à l'état de fer oxydulé, de fer olygiste, d'hématite, de fer spathique, de pyrite, de pyrite arsenicale et de fer chrômé.

Fer oxydulé.

Je ne connais que cinq localités où le *fer oxydulé* se présente en filons, ce sont :

1° La colline serpentineuse du Puy-de-Vol, près Firmi ; 2° La mine de Combenègre, près Villefranche, dans les schistes micacés ; 3° Le filon de Morlhon, près Villefranche, dans les schistes micacés ; 4° Les environs de Sanvensa (filon du mas del Puech, dans les eurites); 5° Les environs de Vialelles (H).

Le fer oxydulé se trouve encore en assez grande abondance dans les serpentines de Najac et d'Arvieu, soit en parcelles disséminées dans la masse, soit en veinules ramifiées ; mais je n'y ai point observé de véritables filons.

Fer olygiste.

Il n'existe à ma connaissance qu'un petit nombre de gîtes de *fer olygiste*, encore paraissent-ils le plus souvent former plutôt des gîtes irréguliers en chapelet que des filons réglés. Je citerai parmi les localités où j'ai trouvé ce minérai en plus grande abondance :

1° Les environs de Rodez, au Puech, Randeynes, Combelles, Luc, dans les gneiss ; 2° Verrieroles, près Senergues, dans le granite porphyroïde ; 3° La Rounie, près Saint-Pierre-des-Cats, dans le calcaire cambrien.

Fer hématite.

Le *fer hématite* se trouve dans presque tous les filons métallifères où il constitue souvent aux affleurements ces masses ferrugineuses, connues sous le nom de *gossan* ou chapeau de fer, et considérés par les mineurs anglais comme un indice précieux de la richesse des filons. Il faudrait donc, pour citer tous les gisements d'hématite, donner une énumération presque complète

des filons métalliques de l'Aveyron ; je me contenterai de
signaler ceux dont le fer constitue la matière métallique
dominante.

INDICATION DES LOCALITÉS.	ROCHE ENCAISSANTE.
Filon du roc de Kaïmar, près Lunel,	Schistes talqueux, sur la limite du granite.
Filon de Cliqui, près Ville-comtal,	id. id.
Filon de Barès, près de Nay-rac,	id. id.
Filon de Poureillet, près Goutrens,	Schistes et gneiss.
Filon de Lesans, près Gou-trens,	id. id.
Filon du Mas, près Compo-libat,	Gneiss.
Filon Lortal (S), près Labas-tide,	id.
Filon Trébosc, près Gages,	id.
Filon d'Ayrignac, près Ber-tholène,	Terrain houiller.
Filon de Sonnac,	Diorites.
Filon de Roqueféral, près Saint-Sever,	Schistes de transition.
Filon de Vacairiol, près de Brousse,	Trias.

Fer spathique.

Le *fer spathique* ne constitue à lui seul aucun filon,
mais il se trouve souvent associé à d'autres minérais métalliques, surtout dans la région métallifère des environs
de la Légrie et de Saint-André-de-Bar. A Maillors, près de
Cassagnes, il forme la matière dominante d'un filon de
deux mètres de puissance, encaissé dans les diorites : les
autres filons où on le trouve avec quelque abondance,
sont les suivants :

LOCALITÉS.	ROCHE ENCAISSANTE.
La Carsenie, près Peyrusse,	Granite.
Les Serres, près Labastide,	Gneiss.
Campels, près Mauron (S),	Gneiss et porphyre.

LOCALITÉS.	ROCHE ENCAISSANTE.
Campan , près Villefranche,	
Les Phalips, id.	Gneis et porphyre.
Pradines , près Saint-André-de-Bar,	Schistes micacés à la limite du granite.
Faragut , près Najac,	Gneiss.
La Légrie , id.	Id.
Cassagnes , id.	Diorites.
Magnols (F),	Granite et porphyre.
Rostes , près Sylvanès ,	Schistes de transition.
Fonserène, près Mélagues ,	Id.
Corbières , id.	Calcaire et schistes de transition.

Pyrite de fer.

La *pyrite de fer*, soit pure, soit combinée avec le sulfure de cuivre se trouve dans une foule de filons; il n'est presque aucun gîte métallifère appartenant à la classe désignée par M. E. de Beaumont sous le nom de filons proprement dits , dans lequel on ne trouve la pyrite de fer associée aux autres sulfures métalliques de plomb , cuivre , zinc , antimoine.

Pyrite arsenicale.

La *pyrite arsenicale* au contraire paraît fort rare dans les filons métalliques de l'Aveyron : elle n'a été, que je sache , signalée qu'aux environs de Villefranche dans un filon dont on voit l'affleurement sur le bord de la route de Villefranche à La Guépie , près de la borne n° 5.

Fer chrômé.

Le *fer chrômé*, toujours subordonné aux roches serpentineuses, accompagne le fer oxydulé au Puy-de-Vol , près Firmi ; à Cassagnes , près Najac ; à Arvieu.

Je n'ai trouvé ce minérai qu'en fragments disséminés et non en filons réguliers.

Fer carburé.

Le *fer carburé* (graphite) exploité près de Trémouilles, constitue un filon encaissé dans le gneiss. L'on voit
des indices de filons semblables dans les schistes micacés et talqueux à Sagnes, près St-Cyprien ; à Artigues ,
Monpestels , Saint-Parthem , le Cayla , le Clot.

Minérais zincifères.

Le *zinc* ne forme guère qu'un élément accessoire
dans les filons métallifères de l'Aveyron : il s'y trouve
habituellement à l'état de *sulfure* (*blende*) et beaucoup
plus rarement de *calamine*. Le *zinc carbonaté* a été
observé par M. Fournet dans un seul filon à *la Croizille*,
près Najac. M. Blavier cite aussi (*Journal des mines* ,
t. 19, p. 255) un gîte de *zinc sulfaté* , situé entre
Grandvabre et Saint-Parthem , mais je n'ai pu parvenir
à retrouver ce gîte.

Les filons dans lesquels j'ai observé des minérais de
zinc, presque toujours ainsi que je l'ai dit à l'état de
sulfure , sont :

LOCALITÉS.	ROCHE ENCAISSANTE.
Le filon de Corbières , près Mélagues ,	Dans le porphyre subordonné au terrain de transition.
Filon de Fonserène, près Mélagues,	Id.
Filon de Lastiouse , près Mélagues ,	Id.
Filon de Limazette , près Creissels ,	Dans le calcaire du lias.
Filon de la Foncée-Bernard, près Creissels ,	Id.
Filon de Galès et Soulobres, près Creissels ,	Id.
Filon des Fons, près Creis.,	Id.
Filon de Douzilienques, près le Minier,	Dans le trias.
Filon de Pradal, près le Minier,	Id.

LOCALITÉS.	ROCHE ENCAISSANTE.
Filon de Persignac, près le Minier,	Dans le trias.
Filon de Pichiguet, près Najac,	Schistes et gneiss.
Filon de Maillors, près Najac,	Diorite.
Filon de la Croisille (F), près Najac,	Infrà lias.
Filon de la Bessière, près Najac.	Schistes et gneiss.
Filon de La Vergnole, près Sanvensa,	Id.
Filon de Cantagrel, près Sanvensa,	Id.
Filon des Pesquiès, près Villefranche,	Id.
Filon de la Maladrerie, près Villefranche,	Id.
Filon de Saint-Jean, près Villefranche,	Schistes et porphyres.
Filon de la Bessière, près Labastide,	Id.
Filon de Vialardet, près Labastide,	Schistes et eurite.
Filon de La Baume, près Labastide,	Schistes micacés.
Filon des Serres, près Lab.,	Id.
Filon de la Carsenie, près Peyrusse,	Granite.
Filon de Vernet-le-Haut, près Asprières,	Schistes micacés.

Filons plombifères.

Le *plomb* se trouve dans les filons de l'Aveyron à l'état de sulfure simple ou multiple, à l'état de carbonate blanc et noir, de phosphate jaune et vert, et rarement de sulfate. Ces divers minérais sont le plus souvent associés entre eux.

L'on voit les minérais de plomb en filon :

Dans le granite :

A la Carsenie et Lacaze, près Peyrusse.

A Ploussergues,
A Peyrottes,
A la Grillère,
Au Mas del Sol,
A la Landelle,
A Conte
A Vialelles,
A Bieulaïgue,
A Laurière,
A Cantagrel,
A Combret,
A Testas,
} Plateau de Sanvensa.

A Lortal (S), près Labastide.
A la Planque sur Serène, près La Bruguière.
A Soulages et Pradines, près Saint-André-de-Bar.
A la Sarrie,   id.

Dans les diorites :

A Sonnac.
A Cabrespines, près Sonnac.
A la Légrie, près Najac.

Dans les eurites et les porphyres :

A Laurières, près Sanvensa.

A Bouscau,
A la Baume,
A Belmont,
A Magnols,
Au Mas de Bouyssou,
A La Bessière,
A Penevayrè,
} Près Villefranche.

Dans la serpentine :

A Cassagnes, près Najac.

Dans les gneiss et les schistes cristallins :

A Querbes, près Bouillac.
A Bréziés,   id.
Au Minier, près Peyrusse.
Au moulin de l'Estiflol, près Naussac (S).
A Naussac (S).
A Lesterie, près Compolibat (S).
A Belmont, près Mauron.

Aux Aymerits , près Mauron.
A Phalips ,   id.
Aux Pesquiés , près Villefranche.
A la Baume ,   id.
Au Calvaire ,   id.
Au Bouscau ,
A Rouaix ,
A Penevayre ,
A Macarou ,
Tournant de Laroque , > Environs de Villefranche.
A La Maladrerie ,
Au Mas de Bouyssou ,
A Mouillac et mas de
   Coucy ,
Aux Serres ,
A la Baume ,
A Lavergne ,
Au Pont du Lezert ,
A Vezis ,   > Environs de Labastide.
A La Pale ,
A La Bessière ,
Au Cayla ,
A Grenefus ,
A Bressous, commune de Morlhon.
A Vialelles , près Sanvensa.
A Gournies ,   id.
A La Vergnole ,   id.
A Cros ,   id.
Au Puech-del-Tour.
A Cassagnes, près Najac.
A La Légrie ,   id.
A Pichiguet ,   id.
A Falgayrolés , près Monteils.
A Pradines , près Saint-André-de-Bar.
A Taussac , près le Mur-de-Barrez.
A Longue-Brousse ,   id.
A Bords, près Saint-Geniez.
Au Minier ,   id.
A Pomayrols (Bl), id.
A Saint-Laurent-d'Olt (Bl), près Saint-Geniez.
A Conques (Bl).

Dans les terrains de transition et les porphyres subordonnés à ce terrain :

A Vernazobres ,
A Brusques ,
A Corbières ,   Près Mélagues.
A Fonserène ,

Dans le trias :

Au ravin de Douzilien-
    ques ,
Au ravin de Persignac ,
Au ravin de Pradel ,   Près du Minier du Tarn.
A Orzals ,
Au moulin d'Arbres ,

A Mazegan , près Saint-Rome-de-Tarn.
A Broquiès.
A Costrix.
A Fijac.

Dans le lias :

A la Croisille , près Najac.
A Toulonjac (S) , près Villefranche.
A Creissels ,
A Babouning ,
Au Puits-Bernard ,
A Calès ,   Près Millau.
A Soulobres ,
A La Charité ,
Aux Fonds ,
A Peyre et Las Parets ,

Filons cuprifères.

Le *cuivre* est , de tous les métaux contenus dans les minérais métalliques de l'Aveyron , celui qui se présente sous les formes les plus variées ; on le trouve à l'état de cuivre oxydé et oxydulé , de cuivre sulfuré et panaché , de pyrite cuivreuse , de cuivre gris , de fahlerz , de cuivre carbonaté , sulfaté et hydrosilicaté.

Ces minérais , comme ceux de plomb , existent dans presque toutes les formations , depuis les plus anciennes jusqu'au terrain jurassique inclusivement. Ainsi l'on trouve des filons cuprifères enclavés.

Dans le granite :

A la Sarric , près Saint-André-de-Bar (1).
Au Pontal ,   id.
A la Planque , près la Bruguière.
A Magnols , près de Malleville.
A la Treille ,   id.
A Fontanel ,   id.
A la Bosse , près Compolibat (S).
A Bieulaygues , près Malleville.
A Combret , près Labastide (S).
A Falgayroles , près Sanvensa.
Au Bousquet , près Peyrusse.
A Lastiouse , près Mélagues.
Au Bousquet , près Laguiole.
A la Papeterie , près Labastide.

Dans les diorites :

A Cabrespines , près Sonnac.
A Paysan ,   id.
A Maillors , près Najac.

Dans la serpentine :

A Cassagnes , près Najac.
A Ferragut ,   id.

Dans le porphyre feldspathique et les eurites :

A Laurière , près Sanvensa.
A Phalips , près Labastide.
A la Bessière ,   id.
A Vialardet ,   id.
A la Baume , près Villefranche.
A Corbières , près Mélagues.
A Fonserène ,   id.

Dans la formation de gneiss et de schistes micacés :

Au Minier haut , près Peyrusse (S).
A l'Estiflol , près Naussac.
Au Py , près Compolibat (S).

---

(1) Les minérais de cuivre et de plomb se trouvant très-fréquemment associés dans les mêmes filons , l'on ne doit pas s'é-
tonner de retrouver dans ce tableau un grand nombre de localités déjà citées dans l'énumération des minérais de plomb.

A Belmont,
A Gandiés,
Aux Aymerits,   Près Mauron.
A Phalips,
Au mas de Couzon sur l'Alzou , près Villefranche.
A Mouillac,
A La Baume ,
Au Calvaire,
A Pénevayre ,
A Macarou ,   Près Villefranche.
A Rouaix,
Tournant de Laroque,
Aux Pesquiès.
Aux Serres , près Labastide.
A La Pale ,   id.
A Falgayroles , près Monteils.
A Combettes,
A Corbières,
A L'Espanié ,
Pont de la Frégeaire ,
A La Bessière ,
A Ferragut,   Près Najac.
A Testas ,
Au Bastit ,
A Cassagnes,
A La Légrie ,
A Pichiguet ,
A Pradines , Près Saint-André-de-Bar.
A Tanus.
A Saint-Parthem.

Dans les terrains de transition et les porphyres subordonnés à ces terrains ,

A Corbières , près Mélagues.
A Meynes ,   id.
A Lastiouses ,   id.
A Fonserène ,   id.
A La Barre , près Sénomes.
A Bouchepayrol , près Fayet.
A Ouyre ,   id.
A Promillac ,   id.
A Rostes , près Sylvanès.
A La Baume ,   id.

Dans le terrain de trias :

Au Minier du Tarn (filons de Douzilienques, Persignac, Pradal, Orzals et Arbus).
Au Viala de Dourdou.
A Mazegan, près Saint-Rome-de-Tarn.
Aux Tourettes, près Broquiès.
A Saint-Juéry.
Au bois de la Blaque, près Rebourguil.
A Peyregrosse, près Montaigut.
Au mas d'Alet,   id.
Au mas d'Andrieu, près Gissac.
A Andabre,   id.
A Saint-Pierre, près Camarès.
Au Caylar.
A Laroque, près Valady.
A Bruéjouls.
Au Bousquet, près Saint-Christophe.
A Cantaloube, près le Grand-Mas.
Au Puech, près Villecomtal.
A Langoustie, près Mouret.

Dans le grès infrà-liassique :

A Santou, près Calcomier.
Aux Gaillots, rive droite du Lot, près du pont de La Madeleine.
Au ravin des Lavadous, près Soulobres.

Dans le calcaire du lias :

A Babouning, près Creissels.
A la Foncée-Bernard,   id.
A Limazette,   id.
Aux Fons,   id.
A Soulobres,   id.
A Las Parets, près Millau.

Filons argentifères.

Nous ne connaissons, dans les filons métalliques de l'Aveyron, aucun minérai exclusivement argentifère ; mais l'argent existe en proportion souvent très notable dans plusieurs des filons que nous avons déjà signalés comme contenant du cuivre et du plomb. Le minérai auquel ce métal se trouve le plus souvent associé est le sulfure de plomb (galène). De nombreux essais ont démontré que la plupart des galènes de l'Aveyron sont argentifères. Mais comme la présence de l'argent dans ces minérais n'est signalée par aucun caractère extérieur certain et ne peut être constatée que par l'analyse chimique, je ne citerai comme réellement argentifères que les filons dans lesquels l'existence de ce métal a été bien authentiquement reconnue. Je donnerai ensuite, dans une seconde liste, l'énumération des filons que divers auteurs ont cités comme argentifères, sans appuyer leurs citations sur les résultats d'une analyse authentique.

A.— FILONS DANS LESQUELS LA PRÉSENCE DE L'ARGENT A ÉTÉ BIEN CONSTATÉE.

Filons de galène argentifère dans le granite :

A Laurière, près Sanvensa.

A Vialelles.

A Pradines et Soulages, près Saint-André-de-Bar.

Dans le porphyre quartzifère et les eurites :

Au mas de Bouyssou, près Villefranche.

A Bouscau,   id.

A La Baume.

A Penevayre, près Villefranche.

A Magnols,   id.

A la Bessière.   id.

Dans les gneiss et les micaschistes :

A Macarou, près Villefranche.

A Pesquiès,   id.

A Morlhon,   id.

A Cantagrel, près Sanvensa.

A Vernet-le-Haut, près Bouillac.

A Bord, commune de Pomayrols, près St-Geniez-d'Olt.

A La Légrie.

A Pichiguet.

Dans le trias :

Au Minier du Tarn.

Dans le lias :

A Babouning, près Creissels.

A la tranchée Bernard , près Creissels.
Aux Fonds ,   id.
A Galès ,   id.

B. — FILONS PRÉSUMÉS ARGENTIFÈRES.

Dans un rapport adressé à la direction générale des mines , en août 1836 , et reproduit dans un recueil de documents relatifs à l'exploitation des mines métallifères de l'Aveyron (1), M. Senez , ingénieur des mines du département, cite encore comme argentifères les filons de galène de Querbes, Sonnac, Bréziès, le moulin de l'Estiflol, le Bousquet, près Peyrusse ; le Minier haut et bas, Mouillac, l'Estivié, le Cayla, Peyrottes, Grillères, Bessous, Ploussergues, Puech-del-Tour, Cassagnes, La Planque, La Sarrié, Conques, Aubrac, Sévérac, le Mur-de-Barrez, Saint-Laurent-d'Olt.

D'après M. Hermann Koch, les cuivres gris, la galène, la bournonite et la pyrite de fer des mines de La Barre et Corbières seraient argentifères (2). J'ai constaté moi-même l'existence d'une assez notable proportion de ce métal dans les pyrites cuivreuses que l'on trouve en minces filons dans le grès bigarré, aux environs de Pruines.

Filons antimonifères.

Les minérais d'antimoine, habituellement associés aux minérais de plomb et de cuivre, ne forment presque toujours qu'un élément accessoire des filons. Le gîte de Buzeins, où l'on voit encore les traces d'une ancienne exploitation, est le seul dont le minérai antimonifère paraisse constituer l'élément essentiel.

Le sulfure d'antimoine se trouve encore au Batut, près Lédergues ; au Bousquet, près Laguiole ; à La Baume, près Sylvanès ; et les antimonio sulfures de plomb, de cuivre et de fer, la jamesonite, la bournonite, font par-

______

(1) *Recueil de documents relatifs à l'exploitation des mines métallifères de l'Aveyron* , publié à Paris en 1847 , chez Langlois et Leclerc , pages 35 et suivantes.

(2) *Recueil de documents* , déjà cité , p. 150.

tie intégrante d'un très-grand nombre de filons à Corbières, Fonserène, La Barre, La Baume, près Sylvanès ;
Rostes, Creissels, le Minier du Tarn, Pichiguet, La Légrie, Cantagrel, la Baume, près Villefranche, Las Parets.

Les minérais que nous venons de passer en revue sont
les seuls qui existent avec quelque abondance dans les
filons métalliques de l'Aveyron, les seuls qui aient paru
jusqu'à ce jour pouvoir fournir matière à exploitation.
Les minérais appartenant aux autres espèces métalliques précédemment signalées (page 12) sont rares et
sans importance.

Le *nickel* n'a été trouvé que dans un seul filon, le
filon de Gourniés, près Villefranche, à l'état de nickel
arsenical.

Je n'ai observé l'*urane* qu'aux environs de Golignac,
dans quelques filons de pegmatite et d'hyalo-tourmalite
enclavés dans le granite porphyroïde du plateau de Campuac. Il existe à l'état d'urane phosphaté.

Le *titane*, assez souvent associé mais en très petite
proportion aux minérais de fer, ne se trouve en proportion notable que dans le fer oxydulé titanifère, disséminé
dans les diorites du plateau de Sonnac. Ce métal appartient donc plutôt, par son gisement, à la classe des
roches plutoniques métallifères qu'à celle des filons.

L'*arsenic*, satellite habituel de l'antimoine, qu'il
remplace parfois dans certaines combinaisons, est infiniment plus rare que ce dernier métal dans les filons de
l'Aveyron. Les minérais métalliques, dans la composition desquels il entre le plus habituellement, sont les
arsenio-sulfures de plomb, de cuivre. On le trouve aussi
dans le nickel arsenical de Gourmiés et dans la pyrite
arsenicale de la borne n° 5 (route de Villefranche à Sanvensa).

Le *tellure* natif a été signalé dans une seule localité,
aux environs d'Entraygues, par M. Marcel de Serres.

Quant au *chrôme*, j'ai fait connaître ses gisements en
parlant de fer chrômé (page 18) le seul minérai chrô-
mifère que j'ai observé dans ce département.

Roches métallifères.

Il nous reste, pour compléter cette revue sommaire

des gîtes métallifères de l'Aveyron, à indiquer les minérais qui affectent une disposition autre que celle des filons.

Les minérais métalliques se trouvent soit dans les roches massives, soit dans les terrains stratifiés, en blocs ou amas distincts de la masse, en grains ou parcelles imprégnant la roche dont ils semblent faire partie intégrante en couches ou dépôts stratiformes.

La présence des minérais disséminés dans les roches se rattache à deux sortes de phénomènes distincts : ils s'y trouvent à l'état *d'éléments composant congénères* ou à l'état *d'éléments hétérogènes accidentels*, selon que l'action minéralisatrice s'est exercée sur la roche au moment même de sa formation, ou postérieurement par voie de métamorphisme.

Les roches métallifères peuvent se diviser en deux classes :

Les roches *originairement métallifères*, et les roches *métallifères métamorphiques*.

Chacune de ces classes se subdivise en deux groupes comprenant, l'un les roches d'origine ignée, l'autre les roches sédimentaires, de sorte que la série des roches métallifères comprendrait quatre termes distincts :

1° Roches originairement métallifères, plutoniques ;
2°   id.   id.   sédimentaires ;
3° Roches métamorphiques ou accidentellement métallifères, plutoniques ;
4° Roches métamorphiques ou accidentellement métallifères, sédimentaires.

La distinction des gîtes appartenant à ces divers groupes n'est pas toujours facile ; quant à leur mode de formation, bien qu'il soit caractérisé par des circonstances variables, il se rattache toujours à la même cause première : les émanations métallifères.

Dans les roches ignées contenant des minérais métallifères congénères, ces émanations se portant de préférence dans les parties où elles trouvaient un accès plus facile, une moindre résistance au transport moléculaire, la concentration des minérais a dû avoir lieu, par voie de sécrétion, vers la périphérie des masses éruptives : de là les amas et les filons injectés des roches métallifères.

Les émanations métalliques jaillissant dans un bassin

immergé et mêlant leurs produits aux produits de la sédimentation , au moment même où s'effectuait le dépôt
des roches stratifiées , nous expliquent l'origine des
minérais en couches.

L'influence de ces mêmes émanations sur des roches
stratifiées ou massives déjà consolidées a produit enfin
les roches métamorphiques métallifères.

Tous ces gîtes se rapportent donc à une même cause
première , la même qui a produit les filons ordinaires
ou concrétionnés , dont nous avons déjà donné l'énumération. Ils ne diffèrent que par les circonstances qui
ont accompagné l'action de cette cause génératrice.

Je vais indiquer sommairement , comme je l'ai fait
pour les filons, les principales roches métallifères observées dans l'Aveyron , en ayant soin de rapporter ces roches aux quatre groupes que je viens d'indiquer tout à
l'heure.

Roches plutoniques originairement métallifères.

Les roches éruptives originairement métallifères sont
peu nombreuses , si l'on ne désigne sous cette dénomination que celles dans lesquelles la matière métallique ,
uniformément disséminée dans la masse , fait partie intégrante et congénère des terrains. A ce point de vue ,
nous ne devrions ranger dans cette classe que les trois
roches suivantes (1) :

1° *Diorites* du plateau de Sonnac contenant une assez forte proportion de fer oxydulé titanifère.

2° *Basaltes* répandus sur une grande partie du département , principalement dans la région N. et N.-E.,
et imprégnée de fer oxydulé en proportion assez grande
pour les rendre magnétiques.

3° *Serpentines* des environs de Najac, d'Arvieu et de
Firmi , également imprégnées de fer oxydulé.

Peut-être devrait-on ranger encore dans cette classe
plusieurs roches plutoniques , dans lesquelles la matière

(1) Bien que la matière métallique qui entre dans la composition de ces roches soit en proportion assez notable , la valeur
intrinsèque de cette matière est trop faible pour que l'on puisse
les considérer comme de véritables minérais métalliques, utile-
ment exploitables.

métallique existe en grains isolés ou en petites veinules, plus particulièrement concentrées dans certaines portions de la masse, en vertu soit des affinités, soit des phénomènes électro-chimiques ou magnétiques; mais comme l'on sait que l'action métamorphique peut aussi produire les mêmes effets, nous préférons rejeter les roches qui nous ont offert ces caractères dans la classe des roches plutoniques métamorphiques ou accidentellement métallifères.

L'énumération suivante fera connaître la nature et le gisement de celles de ces roches que j'ai eu l'occasion d'observer :

Roches éruptives accidentellement métallifères.

1° Les diorites du plateau de Sonnac présentent, aux environs de Mitou, quelques grains de pyrite cuivreuse. Ce phénomène d'imprégnation métallique ne se manifeste que dans le voisinage immédiat d'un filon de porphyre euritique, à l'influence duquel on doit sans doute l'attribuer;

2° Les porphyres quartzifères de Fonserène présentent aussi au contact du filon cuprifère dont ils forment l'encaissement, quelques mouches de pyrite cuivreuse et de pyrite de fer ;

3° L'eurite compacte d'Arvieu contient également quelques grains de fer sulfuré et peut-être de pyrite arsenicale;

4° J'ai trouvé encore la pyrite de fer et de cuivre en grains disséminés dans les amphibolites des environs de La Guépie, au contact des serpentines ;

5° Dans l'eurite compacte de la Garde-Viaur. Ce dernier gisement, dans lequel l'eurite forme un véritable *filon injecté*, devrait sans doute être réuni à la classe des roches éruptives originairement métallifères ;

6° Dans certains cas, la matière métallique, au lieu de rester isolée et de former dans la roche des grains distincts, s'est combinée avec divers éléments de la roche elle-même, de manière à donner naissance à des produits nouveaux, tels que le grenat, l'amphibole, la pyroxène qui, sans conserver l'aspect métallique, contiennent cependant une assez forte dose de métal, et peuvent être considérés comme l'indice certain de l'action métamorphique.

Ce phénomène se fait remarquer surtout au voisinage des serpentines. Les diorites et les amphibolites grenatifères d'Arvieu, de Laubarède, près Firmi, des bords de la Serène, nous en fournissent de beaux exemples.

Roches stratifiées originairement métallifères.

Les minérais métalliques existent bien plus fréquemment, à l'état d'*élément congénère*, dans les roches sédimentaires que dans les roches massives; leur présence, du moins, y est plus facile à constater, soit à cause de la diffusion plus égale du minérai, soit à cause de sa plus grande abondance. Nous voyons, en effet, des roches sédimentaires, telles que les couches ferrugineuses des terrains houillers et jurassiques, imprégnées de fer sur une étendue de plusieurs kilomètres, et assez chargées de métal pour donner lieu à une exploitation fructueuse, ce que nous n'avons trouvé dans aucune roche massive métallifère.

La matière métallique peut avoir été introduite dans les roches sédimentaires, au *moment de leur formation*, de deux manières différentes. Cet élément peut avoir été directement fourni par les émanations souterraines qui se mêlaient aux produits de la sédimentation, au fur et à mesure de leur dépôt; mais il se peut aussi qu'il provienne quelquefois du remaniement d'autres matières métalliques préexistantes. De là deux sortes de dépôts neptuniens métallifères distincts par leur origine, puisque les premiers auraient une origine mixte, mi-partie neptunien, mi-partie plutonique, tandis que les seconds sont exclusivement neptuniens. Dans l'impossibilité où l'on est quelquefois de distinguer ces deux sortes de dépôts, comme aussi pour éviter une trop grande complication dans le classement des matières métallifères, nous réunirons dans une même classe, sous le nom de *roches stratiformes originairement métallifères*, toutes les roches sédimentaires dans lesquelles la matière métallique a été introduite *au moment même de leur dépôt*, que cette introduction ait eu lieu en vertu de phénomènes éruptifs ou aqueux.

Nous considérons, au contraire, comme *roches stratiformes accidentellement métallifères*, toutes celles dans lesquelles l'élément métallique a été introduit après coup par voie métamorphique, *postérieurement à leur dépôt*.

Roches stratiformes originairement métallifères.

Le fer est le seul métal que j'ai trouvé dans les terrains stratifiés de l'Aveyron, formant partie intégrante et congénère du terrain. Il s'y trouve à l'état de fer sulfuré, de fer oxydé, de fer hydraté et carbonaté.

Le tableau synoptique suivant indique les principaux gîtes qui nous ont paru appartenir à cette classe :

ROCHES métallifères.	LOCALITÉS.	MATIÈRE MÉTALLIQUE observée dans la roche.
Schistes pyriteux et alumino-pyriteux subordonnés aux terrains anciens.	A Coursavy, près Grandvabre . . .	Pyrite de fer.
	A La Caze, près Broquiès.	Pyrite de fer un peu cuprifère (Bl.)
Schistes alumino-pyriteux subordonnés au terrain de transition.	A Curvalle . . . . Plaisance. . . . . La Baûme, près Sylvanès . . . Au Caylar, près Coupiac . . . . A Roquecezière.	Pyrite de fer.
Fer carbonaté des houillères en couches régulières et puissantes.	A Serons . . . . Combes.	Fer carbonaté.
Grès infraliasique ferrugineux (arkose ferrugineuse.)	A Las Fargues, près Lunel . . . . Tenson, près Sonnac. . . . . . Liéncamp, près Sonnac. . . . . Au Bousquet, près Goutrens . . . A Combefouillouse, près Espalion. Moulières, près Lunel	Fer oxydé.
Calcaire pyriteux du lias.	A Saint-Clément, près Saint-Rome-de-Tarn	Pyrite de fer en cristaux disséminés.
Couches ferrugineuses de l'oolite inférieure.	A Sangayrac, près Montbazens, . La Garenie, près Montbazens. Aubignac, près Rignac. . . . . . Vouzac, près Villefranche. . . . Saint-Igest . . . . Cazac	Fer hydroxydé et carbonaté.

N.-B. Je ne cite que les lieux où la couche métallifère est assez chargée de fer pour constituer un véritable minéral métallique, mais l'on retrouve présque partout à la même hauteur géologique un calcaire ferrugineux qui, sans être exploitable, contient cependant une très-notable proportion de fer.

ROCHES métallifères.	LOCALITÉS.	MATIÈRE MÉTALLIQUE observée dans la roche.
Oolite ferrugineuse de l'oxford-clay.	A Mondalazac. . . . . Espeyrous . . . . Muret. . . . . La Goudalie. . . . . La Vayssière. . . . . Saint-Antonin . . . . Salles. . . . . Solsac.	Fer hydrocarbonaté.
Couches pyriteuses et pyrito-alumineuses de l'oxford-clay.	A Muret . . . . Salles. . . . . Saint-Georges (1).	Pyrite de fer.
Couches ferrugineuses du terrain tertiaire moyen.	Aux Contrats, près Flagnac. . . . . Au château de Gironde, près Fla- gnac. . . . . A La Borie-de-Pagas, près La Bessenoits.	Fer hydroxydé compacte, parfois un peu sablonneux, en plaquettes et couches minces irrégulières.
Marnes tertiaires avec minérai en grains disséminés.	A Pomel. . . . . Aubignac	Fer hydraté en globules arrondies.
Dépôts superficiels de minerais en grains et brèches ferrugineuses.	A Montbazens . . . . Bozouls . . . . Sur presque toute l'étendue du plateau calcaire de Concourès. . . . Sur le plateau oolitique de Ville- neuve et Naussac . . . . Aux environs d'Olonzac, etc. . . .	Grains arrondis, de peroxyde et d'hydrate de fer, paraissant le plus souvent provenir de la décomposition et du remaniement des oolites ferrugineuses enclavées dans le terrain jurassique.

(1) On trouve presque toujours, immédiatement au-dessus de l'oolite ferrugineuse que je viens d'indiquer, et dans les mêmes localités, une couche de marnes calcaires grises, dans les affleurements desquelles la présence de la pyrite se manifeste par des efflorescences abondantes de sulfate de fer et d'alun. Cette couche, plus constante dans son allure que l'oolite ferrugineuse, se trouve à la même hauteur géologique dans tous les bassins jurassiques de l'Aveyron. A Lavenças et Saint-Georges, entre Saint-Affrique et Millau, cette couche a donné lieu à un commencement d'exploitation ayant pour but la fabrication du sulfate de fer (vitriol vert) et de l'alun.

Roches stratifiées accidentellement métallifères.

Indépendamment des gîtes que je viens d'énumérer, il en est plusieurs autres que l'on serait de prime abord porté à ranger dans la même classe; mais en y regardant de plus près, on reconnaît qu'ils se rattachent à de véritables filons, et que ces minérais en apparence stratifiés ne sont que des filons couches ou des portions de véritables couches, accidentellement imprégnées de matières métalliques. Telles sont les conditions de gisement des grès cuprifères que l'on observe aux Tourettes, près Broquiès; à La Roque, près Valady, et des schistes de transition imprégnés de galène que nous avons déjà signalés à Valazobres, près Tauriac.

L'on conçoit que les vapeurs métalliques émanant des foyers éruptifs, et trouvant dans la stratification, dans la nature même de certaines roches, une facilité de pénétration plus grande, se soient portées de préférence sur ces couches, qu'elles auront imprégnées jusqu'à une distance assez considérable des parois des filons.

Les couches métallifères ainsi produites sont celles que nous avons désignées sous le nom de *roches stratifiées accidentellement métallifères*, ou métamorphiques; les vapeurs métalliques injectées dans ces roches ont pu, ou s'y condenser en grains isolés distincts, simplement mélangés avec les éléments de la roche, ou se combiner avec quelques-uns de ces éléments, de manière à produire de nouveaux minéraux pierreux, tels que le pyroxène, l'amphibole, le grenat, dans lesquels l'élément métallique se trouve dissimulé aux regards. Quelle que soit, du reste, la manière d'être de cet élément métallique dans la roche, qu'il s'y trouve à l'état de combinaison ou de simple mélange, son introduction est due toujours à un même phénomène, et les produits minéraux qui en sont le résultat ont dû être réunis dans une même classe de gîtes métallifères dont l'énumération me fournira la matière d'un dernier tableau synoptique.

ROCHES métallifères métamorphiques	LOCALITÉS.	ÉLÉMENT métallique.
Gneiss et schistes micacés, imprégnés de fer oxydulé.	A Combenègre. Aux environs du Pas. . . . . Au Puech de Morlhon (S). . . . . A Montalègre, près Lugan (au contact d'une masse de mélaphyre) . .	Fer oxydulé.
Gneiss et schistes pyriteux.	A Grandvabre, près d'un filon d'eurite. Saint-Projet, près d'un filon d'eurite. Au pont de Tanus, au voisinage d'un filon de pyrite cuprifère	Pyrite de fer.

ROCHES métallifères métamorphiques.	LOCALITÉS.	ÉLÉMENT métallique.
Gneiss et schistes grenatifères.	A La Légrie, au contact des diorites. Drulhes, au voisinage des diorites. Laubarède, au voisinage des serpentines . . . . Arvieu, Idem. . . . . . . Najac, Idem. . . . . . . Salan . . . . La Guépie.	Silicate de fer et manganèse.
Schistes de transition pyriteux.	A Fonserène.	Pyrite de fer.
Schistes de transition imprégnés de galène.	A Valazobres	Plomb sulfuré.
Schistes cuprifères du trias.	A Saint-Juéry . . . . Aux Tourettes. . . . . A Rufepeyre. . . . . A La Roque, près Valady, ...	Cuivre sulfuré et carbonaté.

§ II. ÉNUMÉRATION DES PRODUITS ET DES PHÉNOMÈNES GÉOLOGIQUES SE RATTACHANT A LA PRODUCTION DES GÎTES MÉTALLIFÈRES.

A la suite de la liste des gîtes métallifères que nous venons de donner et pour mieux apprécier l'importance des causes qui les ont produits, il ne sera, sans doute, pas inutile de placer encore ici l'énumération de divers phénomènes ou produits géologiques se rattachant plus ou moins directement à leur production.

Nous avons indiqué précédemment les rapports qui existent entre ces gîtes et les *sources minérales*.

Les *roches éruptives* en filons injectés, en masses métallifères, contenant souvent les mêmes éléments minéraux que les filons, dans lesquels on les voit, d'ailleurs, pénétrer de manière à mêler et confondre leurs produits, ne laissent aucun doute sur la corrélation des roches éruptives avec les filons métalliques.

Il existe, enfin, une dernière classe de produits dont l'origine paraît se rattacher encore à la même cause, à l'influence des émanations qui ont accompagné et suivi l'éruption des roches plutoniques. Ce sont :

1° Certains *dépôts anormaux* que l'on peut considérer comme formés par l'action chimique d'émana-

tions salines ou acides *non métallifères*, telles qu'en fournissent les sources minérales, les solfatares......
Dans les fissures des roches préexistantes, ces dépôts ont produit les filons pierreux ; à la surface du sol, ils ont pu produire des couches des amas subordonnés aux terrains sédimentaires ou isolés.

2° Ce sont encore plusieurs *roches métamorphiques* modifiées par les mêmes émanations. Les *gypses*, les *dolomies*, le *sel gemme*, les *dépôts siliceux*, et la plupart des dépôts chimiques enclavés dans les terrains stratifiés n'ont probablement pas d'autre origine. Selon que les émanations ont réagi sur des dépôts en voie de formation ou sur des couches déjà consolidées, l'on a eu des couches régulières d'origine mixte, c'est-à-dire créées sous l'influence combinée des phénomènes plutoniques et neptuniens, où des roches métamorphiques ne formant, le plus souvent, que des accidents, des altérations locales sans continuité. Et tel est, on le sait, le double gisement que nous présentent la plupart des roches que je viens de désigner : les gypses, les dolomies......, semblables en cela aux roches métallifères dont elles sont pour nous l'équivalent géologique.

Les sources minérales, les roches éruptives, les roches anormales non métallifères, produites sous l'influence des émanations souterraines, ou altérées par elles, forment donc une série de produits connexes, dont le dénombrement doit trouver ici sa place naturelle à la suite de l'énumération des gîtes métallifères.

Néanmoins, afin de ne point détourner l'attention du sujet principal (l'étude des gîtes métallifères) au profit de sujets accessoires, j'écarterai autant que possible tous les détails descriptifs pour me renfermer dans le simple exposé des faits, dans l'indication sommaire des produits observés et des circonstances les plus remarquables de leur gisement. J'adopterai, d'ailleurs, dans cet examen rapide l'ordre suivant :

Roches éruptives en amas et filons injectés ;
Roches anormales non métallifères régulièrement stratifiées ;
Roches métamorphiques non métallifères ;
Sources minérales.

Roches éruptives.

Les divers phénomènes de soulèvement et de dislocation, dont nous trouvons les traces sur toute la surface du département, dans tous les terrains qui en constituent le sol, ont eu pour effet immédiat, nous pourrions même dire pour cause, l'éruption de roches plutoniques très-variées. Ces roches sont :

1° Des granites ; 2° des diorites et syénites ; 3° des porphyres quartzifères ; 4° des porphyres euritiques ; 5° des mélaphyres ; 6° des amphibolites ; 7° des serpentines ; 8° et des basaltes.

GRANITE. — La formation granitique se montre dans quatre points principaux :

Au Nord, sur le revers occidental des montagnes de Laguiole, il forme les deux grands plateaux de *La Viadène* et de *Campuac*.

Vers l'est, dans l'arrondissement de Villefranche, il occupe presque toute l'étendue de cet isthme étroit qui rattache le plateau schisteux du Ségala au massif primitif central de la France.

Vers le centre, dans l'arrondissement de Millau, le granite se montre encore, mais moins abondant, dans quelques points de la chaîne du Levezou, et principalement vers l'extrémité sud de cette chaîne.

Enfin dans l'arrondissement de Saint-Affrique, sur le revers nord des montagnes de Lacaune, l'on voit le granite surgir au milieu des terrains de transition.

Les roches granitiques se montrent bien encore dans quelques autres localités, notamment aux environs de Loubesat, près Najac, à La Paillousie, près de Salmiech..... ; mais elles ne forment dans ces points que des lambeaux comparativement fort petits et sans importance.

L'on distingue dans les granites de l'Aveyron un grand nombre de variétés ; mais les principaux types se réduisent à quatre :

1° Granite ancien, à grains moyens ;

2° Même roche renfermant de grands cristaux d'orthose qui donnent à la masse un aspect porphyroïde ;

3° Granite à grain fin, passant aux leptynites et aux granulites ;

4° Granite à larges parties, passant au pegmatite et au granite graphique.

Les variétés n°⁵ 1 et 2 forment généralement la masse dominante du terrain : composées des mêmes éléments, elles semblent ne différer que par le mode de cristallisation et peut-être aussi par la proportion relative des éléments composants. Le granite porphyroïde domine dans le massif granitique septentrional (plateaux de Campuac et de La Viadène) ; il est beaucoup plus rare dans les autres massifs.

Les variétés 3 et 4 plus modernes se trouvent en filons et amas injectés dans les précédentes ; elles paraissent en relation intime l'une avec l'autre et passent souvent au shorl-rock, au pegmatite avec tourmaline, à l'hyalo-tourmalite, présentant une identité complète de caractères et de gisements avec les pegmatites à tourmaline des Vosges et de la Bretagne ; elles sont caractérisées par le mica blanc argenté.

Les filons métalliques ne sont point très-communs dans le granite, si l'on en excepte le massif de l'arrondissement de Villefranche ; mais c'est autour des points d'éruption du granite que semblent s'être massés plus abondamment, soit les autres roches éruptives, soit les gîtes métallifères qui forment leur cortège habituel.

Aussi, remarque-t-on dans l'Aveyron, autant et plus peut-être que dans la plupart des autres régions métallifères, ces rapports de voisinage si frappants, si souvent signalés entre les masses granitiques et les gîtes métallifères, bien que ces gîtes aient été produits, pour la plupart, sous l'influence de roches éruptives plus modernes que le granite.

DIORITES ET SYÉNITES. — Les principaux gisements de diorite et de syénite sont :

1° Aux environs de Sonnac ; 2° d'Auriac, aux environs d'Arvieu ; 3° à La Légrie, près Najac ; 4° aux en-

virons de La Bessenoits, près Firmi ; 5° aux environs
du Minier et du Viala-du-Tarn.

Les diorites de Sonnac forment le massif le plus important ; elles règnent exclusivement sur une étendue de plusieurs kilomètres carrés ; la roche dominante est une diorite granitoïde chargée dans beaucoup de points de fer oxydulé titanifère, que l'on trouve disséminé dans la roche sous forme de petits grains anguleux ou irrégulièrement cristallisés. Ces diorites présentent rarement quelques grains de quartz peu nombreux et passent alors à la syénite.

Dans la plupart des autres localités où j'ai observé les diorites, elles ne semblent former que des accidents locaux, peut-être métamorphiques, subordonnés à l'éruption des amphibolites et des serpentines. Elles sont alors presque toujours grenatifères et passent fréquemment à des diorites schisteuses et à des gneiss amphiboliques. Telles sont, du moins, les conditions dans lesquelles se présentent les diorites grenatifères de Laubarède, près de Firmi, de Paulhe, près d'Arvieu, et de la Légrie, au confluent de la Serène et de l'Aveyron.

Le massif dioritique du plateau de Sonnac paraît donc seul constituer une masse réellement éruptive.

L'éruption des diorites a eu lieu dans l'Aveyron postérieurement à celle des granites, car l'on voit près de La Roque-Corbière des filons dioritiques injectés dans les roches granitiques du plateau de Peyrusse.

L'on voit, d'un autre côté, les porphyres euritiques pénétrer, sous forme de filons, dans les diorites aux environs de Cabrespines, de Paysan, ce qui justifie le rang que nous avons assigné à cette formation dans la série des roches éruptives.

Les gîtes métallifères ne sont point nombreux dans ce terrain ; tel est, néanmoins, le gisement des filons plombeux et cuprifères de Cabrespines, de Mitou et de La Légrie. Près de Paysan, la roche dioritique elle-même se trouve imprégnée de pyrite cuivreuse, ainsi que nous l'avons déjà dit, au contact d'un filon d'eurite.

4

Porphyres feldspathiques et quartzifères.

Entre toutes les roches éruptives de l'Aveyron, les *porphyres* se font remarquer par leur variété, par l'extrême multiplicité de leurs points d'éruption, par leurs relations fréquentes avec les gîtes métallifères. On peut les diviser en deux classes : les *porphyres quartzifères* et les *porphyres* exclusivement *feldspathiques*. Ces derniers sont de beaucoup les plus abondants ; ils forment à eux seuls les masses éruptives les plus importantes et accompagnent presque toujours les porphyres quartzifères dans les points où ceux-ci se montrent au jour. Les porphyres se montrent en filons et en amas injectés dans le granite, dans les diorites, dans les gneiss, dans les schistes micacés et talqueux, dans les schistes et les calcaires de transition. L'on remarque presque toujours, dans leur cassure, des parties lamelleuses présentant les stries caractéristiques du feldspath du sixième système. Ce même caractère se fait, d'ailleurs, remarquer aussi dans les petits cristaux feldspathiques disséminés dans la pâte. Quant aux grands cristaux que l'on trouve dans les porphyres granitoïdes et quartzifères de Vieurals, de La Lésone, des environs de Mélagues, ils appartiennent à l'orthose.

Les gisements les plus remarquables des roches porphyriques, sont :

1° Sur le pourtour du massif granitique qui forme les plateaux de Campuac et de La Viadène, principalement aux environs de Banhars, Saint-Hippolyte, Ginolhac, dans la vallée de la Trueyre ;

2° Dans presque toute l'étendue de cette longue zône métallifère qui forme la bordure orientale de l'isthme granitique par lequel le massif central du Ségala se rattache au massif montagneux d'Aubrac et de Laguiole et plus particulièrement aux environs de Villefranche ;

3° Sur le revers septentional de la chaîne de Lacaune, à l'extrémité sud du département.

Indépendamment de ces trois régions, où l'on voit des amas et des filons porphyriques confusément groupés percer le sol en mille points divers, l'on trouve encore des porphyres dans une foule d'autres localités , notamment aux environs de Vieurals et de Rieusens , à La Roquette , près Barès ; à Combefouillouse , près Saint-Geniez-des-Ers ; aux environs de Sénergues , de Grandvabre , de Saint-Parthem , de Pigagnol , de Saint-Julien-d'Empare , sur la montagne de l'Escandoliéres , près Bournazel ; à Pomel , près Naussac ; à Tensou et Paysan , près Sonnac ; à La Roque-Corbiéres , près Drulhe ; à La Valette , près de Luc ; à Caumont , à Albignac , près Sauveterre ; à Saint-Just , aux environs d'Arvieu , d'Alrance ; à Lauret , près Camarès , etc., etc.

Les porphyres sont très-fréquemment accompagnés soit de filons , soit de roches métamorphiques métallifères. Ainsi , aux environs de Sonnac , à Tensou , on voit l'arkose du lias très-fortement imprégnée d'hydroxide de fer au contact des roches porphyriques. Dans la vallée du Lot , entre Saint-Parthem et Montarnal, les schistes talqueux et micacés sont souvent chargés de pyrite ferrugineuse dans le voisinage des filons et amas porphyriques, surtout vers le confluent du Dourdou et du Lot. Nous avons déjà signalé l'influence métamorphique du porphyre de Paysan sur les diorites au milieu desquelles il se trouve encaissé. L'on trouverait encore bien d'autres exemples semblables dans les schistes et les gneiss pyriteux de la vallée de la Trueyre, sous Saint-Hippolyte ; de la vallée du Viaur, en aval de Saint-Just ; de Fonserène , près des mines de cuivre du même nom.

Les gîtes métalliques se montrent , d'ailleurs , non-seulement au voisinage des porphyres, mais dans les porphyres même ; l'on voit des filons de manganèse , de fer, cuivre , plomb , zinc et argent pénétrer dans ces roches , à Pénevayre , à Vialardet , à Cantelouve , à Campels , La Bessière , Phalip , Magnols , Mas-de-Bouyssou , Belmont , Bouscau , La Baume , Mas-del-Puech , Laurières , Corbières ; enfin le porphyre lui-même se montre imprégné de parcelles métalliques à Fonserène , aux environs d'Arvieu , à La Garde-Viaur.

Mélaphyres.

Les *mélaphyres* abondent dans le bassin houiller

d'Aubin, où ils forment soit dans l'intérieur même du bassin, soit sur son pourtour, des massifs assez étendus. Les principaux sont aux environs de Lugan, Rulhes, Auzits, Balzergues, Flagnac, Boisse, Livignac et Viviers. On les retrouve aussi en dehors du bassin houiller, aux environs de Fau et Carabols, près Bournazel; au Mas, près Saint-Julien-d'Empare; aux environs de Pigagnol et de La Rouqueyrie. Mais dans ces derniers points, où ils ne constituent, d'ailleurs, que des masses éruptives peu importantes, leurs caractères changent et se rapprochent beaucoup de ceux des porphyres euritiques. Du reste, bien qu'il existe une différence parfaitement tranchée entre les mélaphyres bien caractérisés et les principaux types des roches feldspathiques, la distinction entre les porphyres, appartenant à ces deux classes, n'est point toujours facile, et l'on trouve dans beaucoup de points des roches éruptives participant à la fois des caractères du mélaphyre et de ceux du porphyre euritique. Tels sont les porphyres des environs de Grandvabre, d'Escandoliéres, de Brueil, près Rignac; des environs de Saint-Parthem et de Saint-Julien, de Tensou, du Py, près Compolibat; d'Albignac......

Le plus souvent les mélaphyres se présentent sous l'aspect d'une roche compacte homogène, de couleur foncée verte, brune, brun rougeâtre ou violacée; mais elle admet assez fréquemment aussi diverses matières cristallines plus ou moins abondamment disséminées, parmi lesquelles on remarque surtout l'amphibole et un feldspath lamelleux qui paraît être du labrador.

Cette roche est essentiellement basique, et si l'on y trouve quelques rares nodules de quartz, ils proviennent de fragments empâtés de la roche encaissante.

L'influence métallifère du mélaphyre est moins marquée que celle des porphyres quartzifères et euritiques; l'on peut, néanmoins, citer quelques exemples de cette influence. Ainsi, l'on voit à Montalègre, près de Lugan, des schistes micacés imprégnés de cristaux tétraèdres de fer oxydulé, au contact d'un beau porphyre à pâte violacée dépendant de cette formation. Les porphyres de Tensou, qui paraissent avoir été un centre d'émission actif, d'émanations ferrifères, présentent, comme nous l'indiquons plus loin, une grande analogie avec les mélaphyres. L'on trouve aux environs de Loges et de Pigagnol, dans un porphyre analogue et dans les roches schisteuses qu'il traverse, de nombreux filons de baryte sulfatée, contenant parfois des quantités assez notables de fer hématite et de manganèse oxydé. J'ajouterai, enfin, que j'ai trouvé dans plusieurs échantillons de mélaphyre des grains métalloïdes très-sensiblement magnétiques.

Serpentines.

Les *terrains serpentineux* se montrent sur plusieurs points du département : ils sont généralement enclavés dans les roches schisteuses sous forme d'amas ou boutons éruptifs, au tour desquels on voit se relever, de tous côtés, les strates des roches encaissantes. Les principaux gisements de ce terrain sont :

1° Aux environs d'Arvieu, vers le milieu du plateau primitif central ; 2° au Puy-de-Vol, près de Firmi, sur la limite du bassin houiller d'Aubin ; 3° dans la bande métallifère qui limite vers l'ouest le plateau central, aux environs de La Guépie, de Najac, Monteils.

Les serpentines du Puy-de-Vol constituent le gîte le plus important par le volume de la masse éruptive, l'une des plus considérables que présente cette formation dans l'intérieur de la France. Dans ce lieu, la serpentine forme une colline fort élevée placée à la séparation des schistes micacés et du terrain houiller, dont les couches se redressent à son approche, et montrent des altérations nombreuses, preuves certaines de sa postériorité d'âge. Le grès bigarré, qui se trouve à une très-petite distance vers l'est, mais non en contact immédiat avec la roche éruptive, est aussi fortement redressé, de sorte que l'éruption serpentineuse paraît avoir eu lieu ici postérieurement au dépôt du grès bigarré.

Des rapports semblables de position tendent à faire assigner le même âge aux serpentines des environs de Najac et Monteils. Les conditions de gisements observées dans cette dernière localité et indiquées dans les coupes n°s 1 et 3, pl. X, sembleraient même devoir faire rapporter à une époque plus récente encore l'éruption des serpentines de l'Aveyron, car le lias paraît avoir, aussi bien que le grès bigarré, subi l'influence de cette éruption.

Quant aux serpentines des environs d'Arvieu, perdues au milieu des terrains anciens, il n'existe dans leur voisinage aucune roche d'âge connu dont les rapports puissent fournir un terme de comparaison pour une détermination chronologique.

Les serpentines comptent parmi les roches les plus essentiellement métallifères de l'Aveyron. Toujours intimement mélangées de fer oxydulé magnétique et quelquefois de fer sulfuré et de fer chrômé; elles contiennent aussi des filets et veinules ramifiés, des rognons et de véritables filons des mêmes minérais. L'on y trouve aussi à Cassagnes et Farragut, près Najac; des filons de fer spathique avec galène et pyrite cuivreuse.

Le groupe de filons métallifères de la vallée de la Serène, celui sur lequel se sont concentrés dans ces derniers temps les travaux de recherche et d'exploitation les plus suivis et les plus fructueux, se trouve en rapports directs de position et probablement aussi d'origine avec les serpentines de La Légrie.

Amphibolites.

Les roches amphiboliques se montrent presque toujours au voisinage des serpentines; ces roches, qui consistent en diorites syénites et amphibolites, sont le plus souvent grenatifères. Je ne connais dans le département aucun point où l'on rencontre des serpentines sans y trouver aussi des roches amphiboliques, mais la réciproque n'est point vraie, et les diorites du plateau de Sonnac nous ont déjà fourni un exemple d'un massif dioritique entièrement indépendant des serpentines et beaucoup plus ancien qu'elles, puisqu'il est traversé par des filons d'eurite qui paraissent avoir eux-mêmes précédé les éruptions serpentineuses. Les amphibolites massives et cristallines forment aussi dans plusieurs points, aux environs de La Guêpie, de Najac, de Monteils, de Saint-Igest, Naussac, Arvieu, Le Minier-du-Tarn , des masses présentant tous les caractères des véritables roches éruptives ; mais leur association constante avec les serpentines , leur passage aux diorites schisteuses , aux gneiss amphiboliques , et , enfin , au gneiss normal , tendent à les faire considérer , moins comme des amas injectés que comme une modification métamorphique du terrain phylladien auquel elles se trouvent subordonnées. Dans quelques cas , il est vrai , notamment aux environs du Minier-du-Tarn , centre d'un des groupes métallifères les plus remarquables , les amphibolites se montrent isolées sans qu'il soit possible de les rattacher à aucune masse serpentineuse apparente ; mais dans ce cas même , tout porte à considérer les amphibolites comme l'équivalent géologique de la serpentine , ou comme l'indice de son existence dans la profondeur et de sa proximité. Quoi qu'il en soit, du reste, de cette hypothèse, que l'on considère ces deux formations comme distinctes, ou que l'on regarde les amphibolites comme le satellite constant des serpentines , les rapports de position que nous avons signalés n'en sont pas moins réels, et tout ce que nous avons dit sur l'âge probable, sur l'influence métallifère , sur les principales conditions de gisement des serpentines , peut être littéralement appliqué aux amphibolites.

Basaltes.

La *formation basaltique* est de toutes les formations éruptives du département la plus récente et la plus répandue. Elle constitue la crète volcanique des montagnes d'Aubrac , et se déroule sur les flancs de cette même chaîne en nappes immenses. On la retrouve au milieu des terrains sédimentaires et surtout vers l'extrémité du bassin secondaire central, où elle forme une multitude de buttes irrégulièrement groupées dans une zône , large de quelques lieues seulement et dirigée à peu près vers le N.-N.-O.

Les basaltes traversent tous les terrains stratifiés de l'Aveyron , à l'exception de quelques dépôts quaternaires ou alluviens , caractérisés par la présence des galets basaltiques. On les voit percer et recouvrir le terrain de transition au Puech-Mourgis , près de La Barre ; le terrain houiller, aux environs de La Draye, de Lassouts ; le grès bigarré, à Calmont ; à Roquelaure, près d'Espalion ; le lias, au Puech-d'Alzou, à Saint-Geniez-des-Ers, La Rocanière, Azinières, Cadapau, Prades… Les formations oolitiques, aux environs de Coussergues, de Buzeins, de Gabriac, de Condom, Aubignac, Sévérac, La Blaquerie ; enfin, le terrain tertiaire moyen, aux environs du Mur-de-Barrez, de Brommat, Glassac.

L'éruption des roches basaltiques dans l'Aveyron doit être rapportée, sans doute, à l'époque du soulèvement du Cantal, soulèvement qui paraît avoir exercé la plus grande influence sur le relief du pays, et avoir augmenté, sinon complètement déterminé, son inclinaison générale vers l'ouest, par l'exhaussement de la zône orientale dans laquelle s'est plus particulièrement exercée l'action éruptive et soulevant des basaltes.

Bien que les roches de cette formation soient toutes chargées d'une proportion assez considérable de matière ferrugineuse, elles ne paraissent guère avoir joué un rôle actif dans la production des gîtes métallifères de l'Aveyron. Quelques filons, il est vrai, comme ceux de La Barre, de Bors, de Buzeins, du Bousquet, de Taussac, de Longuebrousse, se montrent au voisinage des basaltes, mais il est aisé de reconnaître, du moins pour la plupart d'entre eux, que ces rapports de position n'impliquent nullement une communauté d'origine.

ROCHES ANORMALES NON MÉTALLIFÈRES RÉGULIÈREMENT STRATIFIÉES.

Les *roches stratifiées non métallifères*, dont le dépôt paraît s'être effectuée sous l'influence combinée des émanations souterraines et de la sédimentation, sont :

1° Les dépôts gypseux des marnes irisées ; 2° les arkoses siliceuses et les mimophyres du grès infra-liasique ; 3° plusieurs couches de dolomie très-communes dans le lias.

DÉPÔTS GYPSEUX. — *Les dépôts gypseux des marnes irisées* se montrent, à un niveau géologique invariable, dans la partie méridionale du département.

Leurs affleurements forment une zône continue autour de la montagne de La Loubière, où l'on a ouvert plusieurs exploitations à Pascals, la Pize, Montaigut, Vendeloves, St-Caprazy, Gissac..... On retrouve cette même formation sur la berge droite de la vallée de Sorgues, aux environs de Saint-Amans, Saint-Félix-de-Sorgues, Vailhauzy, où on la voit se perdre sous le plateau du Larzac; pour reparaître, mais avec des proportions fort réduites, à l'autre extrémité du plateau, près de Salgues, dans la vallée de la Dourbie. Quelques autres dépôts de même nature se montrent enfin aux environs de Laval et Montagnol.

Les gypses de l'arrondissement de Saint-Affrique se trouvent, comme la plupart des dépôts de même nature, non en couches régulières et continues, mais en amas lenticulaires aplatis, tous situés dans un même plan de stratification. Bien que cette formation occupe une assez grande étendue, elle ne paraît cependant pas présenter ce caractère de généralité qui distingue les autres formations sédimentaires de la contrée partout où on l'observe. Elle se trouve enclavée entre le grès bigarré et le lias; mais elle est loin d'exister partout où se montrent ces deux derniers terrains; elle ne présente donc pas le même caractère de généralité de continuité que ceux-ci, et l'on est par cela même porté à conclure qu'elle a été produite sous l'influence de causes locales accidentelles, dont on ne peut trouver l'explication que dans l'étude des conditions de gisement.

Ces conditions que je ne saurais examiner en détail sans trop élargir le cadre de ce mémoire, peuvent se résumer dans trois faits principaux :

1° Discordance de stratification entre la formation gypseuse et les couches sous-jacentes du trias, lesquelles plongent d'environ 25° vers le S.-S.-O., tandis que le terrain gypseux est presque horizontal.

2° Stratification concordante avec celle du lias superposé.

3° Existence dans le trias de nombreuses failles et de petits filons cuprifères que l'on ne retrouve pas dans la formation gypseuse, et que l'on voit même dans quelques cas s'arrêter brusquement aux premières assises de cette formation.

Il résulte de l'ensemble de ces faits, que le dépôt du gypse s'est effectué dans un lieu et à une époque où le sol, récemment soulevé et brisé par les éruptions plutoniques, laissait encore échapper à travers ses fissures des vapeurs minérales. Il existe donc un rapport d'âge évident entre la production des failles et filons qui traversent le trias et la formation des dépôts gypseux, et l'on est naturellement porté à rechercher la cause efficiente de ces dépôts dans les réactions qui ont dû s'opérer entre les sédiments déposés par les eaux et les vapeurs émanant des foyers éruptifs. Cette manière d'expliquer la formation des gypses emprunte aux circonstances locales, ainsi que je l'ai montré dans un précédent mémoire (1), un nouveau degré de probabilité.

L'on observe, en effet, dans la même région, à Sylvanès, Andabre, Prugnes, Vailhauzy, Mas-Rival, le Caylar, un grand nombre de sources minérales, presque toutes en relation directe avec les failles et filons du grès bigarré. Les eaux de ces sources contiennent toutes une quantité assez considérable de sulfates alcalins. Or, si l'on admet, ce qui me paraît fort probable :

1° Que les sources dont il est question empruntent leurs éléments minéraux aux émanations fournies par les failles situées dans leur voisinage ;

2° Que l'émission d'acide sulfurique, dont nous trouvons la preuve dans la composition des eaux de Prugnes, Andabre, Sylvanès, a dû commencer bien plus abondante peut-être qu'elle ne l'est aujourd'hui, aussitôt après la production des failles du trias.

Si l'on admet, en outre, comme toutes les circonstances de gisement tendent à le faire supposer, que cette émission d'acide sulfurique, libre ou combiné avec des alcalis, s'est fait jour dans des bassins peu étendus et peu profonds, dont les eaux déjà chargées des éléments calcaires avaient atteint un degré de concentration suffisant : ne devons-nous pas avoir pour résultat nécessaire des réactions opérées entre les éléments en présence un dépôt de sulfate de chaux ?

(1) Note sur les dépôts gypseux des environs de Saint-Affrique (*Annales des mines*, 4ᵉ série, tome 8).

Arkôses siliceuses et mimophyres des grès infra-liasiques. — Les grès infrà-liasiques dans lesquels nous avons déjà signalé des imprégnations ferrugineuses, passent souvent à des arkôses siliceuses, à des mimophyres quartzeux, évidemment créés sous l'influence thermométrique et chimique des émanations souterraines. Ces modifications du grès, fort répandues dans l'Aveyron, principalement sur toute l'étendue du bassin secondaire central, nous fournissent une nouvelle preuve de l'extrême énergie avec laquelle les phénomènes éruptifs ont déployé leur action vers le commencement de la période liasique.

Les arkôses à ciment de quartz vitreux ou compacte sont presque constamment en relation avec des filons pierreux ou avec des amas éruptifs, source probable des émanations siliceuses. Ces roches et ces filons sont quelquefois métallifères, et dans ce cas les éléments métalliques se retrouvent aussi dans les arkôses elles-mêmes.

Ainsi aux environs de Luc, près Rodez, l'on voit les arkôses siliceuses, avec nodules ferrugineux, en contact presque immédiat avec des filons de quartz légèrement chargés de fer olygiste, et un peu plus vers le sud, au contact de ces mêmes arkôses passant au mimophyre quartzeux, se trouvent les porphyres de La Valette.

Aux environs de Polissar et de Cliqui, près Villecomtal, les arkôses du lias se montrent, sur le bord méridional du plateau granitique de Campuac, en relation avec des filons de quartz ferrugineux et de baryte sulfatée, et tous les minéraux de ces filons se retrouvent formant des rognons et des druses cristallines isolées au milieu de l'arkôse.

A l'Espinasse et à Tensou, près Saint-Julien-d'Empare, les grès liasiques à ciment de quartz vitreux sont intimement liés à l'arkôse ferrugineuse de Tensou et ont été probablement formées sous l'influence des mêmes porphyres, à l'éruption desquels nous avons attribué les émanations ferrugineuses.

Des observations analogues expliquent l'origine des arkôses à ciment quartzeux des Farguettes, près Mayran ; de La Pouisade, près Rignac.

Dolomies. — Les couches de *calcaire dolomitique* constituant des dépôts analogues et comparables en tous points à ceux du calcaire pur , ne devraient peut-être pas plus que ce dernier être classées parmi les roches anormales produites par l'action combinée des émanations volcaniques et de la sédimentation. Si je les mentionne ici, c'est parce qu'il est bien reconnu, d'une part, que les calcaires peuvent être transformés en dolomie, même après leur consolidation, sous l'influence des vapeurs éruptives ; d'autre part que les couches dolomitiques abondent surtout dans les formations calcaires qui comprennent ou avoisinent d'autres couches anormales.

C'est, en effet , dans les terrains de lias et dans l'oolite jurassique que l'on observe des couches régulières de dolomie , et il est à remarquer que ces couches se montrent généralement à la base des deux formations , à savoir : dans le lias, presque immédiatement au-dessus des arkôses dont le ciment siliceux ou ferrugineux atteste si souvent l'influence des phénomènes plutoniques ; dans l'oolite , au contact du minérai de fer oolitique. J'ajouterai que les dolomies semblent acquérir plus de puissance et de régularité dans le voisinage des lieux où les émanations siliceuses et ferrifères ont le plus puissamment développé leur action , et que l'on retrouve , enfin , des traces de ces mêmes émanations dans les dolomies elles-mêmes , qui très-souvent contiennent des rognons de silex et des parties ferrugineuses.

De telle sorte que l'on est porté à considérer leur formation comme résultant de l'influence produite sur des calcaires au moment de leur dépôt par l'action déjà amortie des mêmes causes auxquelles sont dus les dépôts métalliques et les phénomènes des arkôses.

Roches stratifiées métamorphiques (non métallifères).

Les éléments minéraux que nous venons de signaler comme caractérisant les couches anormales des terrains stratifiés , sont les mêmes que l'on trouve encore accidentellement introduits par voie de métamorphisme dans les mêmes terrains,

Roches métamorphiques siliciféres.—Des *infiltrations siliceuses* se montrent fréquemment dans les gneiss et les schistes talqueux ou micacés, au voisinage des roches porphyriques, des filons métalliques ou pierreux et même des simples failles. La proportion de la silice devient quelquefois telle qu'elle semble exclure tous les autres éléments de la roche, et celle-ci passe alors à ces quartzites schistoïdes que l'on voit sur le plateau schisteux du Ségala se dresser sous forme de pitons coniques ou de dikes à arètes aiguës et dentelées. Les rochers de Miramont, d'Espinassole, du Puy-de-Rouet, de Bar, du Puech, de La Barbarié, de Castelpers, Le Roc-de-Kaïmar, dans les terrains de gneiss et de schistes talqueux ou micacés; les crètes siliceuses de Roquecezière, de Roqueféral, de Rostes, dans les schistes de transition, sont les exemples les plus saillants de ces infiltrations siliceuses que l'on trouve, d'ailleurs, mais dans de moindres proportions, sur une foule d'autres points. Les quartzites et les grès silicifiés présentent très-fréquemment des traces d'oxide de fer.

Gypses et dolomies métamorphiques. — Les *gypses et les dolomies* produits par voie de métamorphisme se trouvent dans des conditions de gisement identiques et sont évidemment les uns et les autres le résultat des mêmes phénomènes qui ont déchiré le sol des plateaux jurassiques. L'action de ces phénomènes se manifeste surtout dans le bassin central où les ébranlements du sol, contemporains du soulèvement des Pyrénées, ont produit de nombreuses failles, remarquables par leur continuité sur d'immenses étendues, et par l'amplitude des rejets qu'elles ont produit dans les terrains (1). C'est au voisinage immédiat de ces failles que se montrent les dolomies métamorphiques, tantôt sablonneuses, tantôt massives, si communes sur le plateau

(1) Plusieurs de ces failles dont l'étude offre un vif intérêt, peuvent être suivies sans interruption sur une longueur de 25 à 30 kilomètres : les rejets de couches qu'elles ont produit atteignent quelquefois le chiffre de 2 à 300 mètres.

jurassique central, dolomies quelquefois accompagnées, comme à Onet, de minérai de fer.

Le gypse jadis exploité à *La Bosque*, près de Clair-vaux, dans les marnes infraliasiques; celui que l'on trouve près de *Solsac-Vieux*, en petits cristaux dissé-minés dans les marnes de l'oolite inférieure, sont également en relation directe avec ces mêmes failles, et l'on ne peut s'empêcher d'attribuer leur formation aux causes qui ont produit les dolomies des mêmes loca-lités à l'influence métamorphique des émanations sou-terraines. Le gypse de La Bosque se trouvant au même niveau géologique que celui des environs de Saint-Affrique, l'on serait de prime abord porté à le consi-dérer comme représentant la formation gypseuse si développée dans le sud du département et faisant, par conséquent, partie intégrante et congénère du terrain. Mais diverses considérations me portent, néanmoins, à n'y voir, de même que dans les cristaux gypseux de Solsac-Vieux, qu'un accident métamorphique local. Parmi ces considérations, les principales sont :

1° L'irrégularité et l'isolement de la masse gypseuse dont on ne trouve presque plus vestige aujourd'hui ;

2° La proximité d'une des principales failles du système pyrénéen ;

3° La présence de la chaux sulfatée anhydre (anhy-drite), indice très-probable d'une origine volcanique (1).

Ch. III. — Documents relatifs à la teneur métallique de divers minérais.

Ce que nous avons dit sur les gîtes métallifères, sur les causes qui les ont engendrés, sur les divers produits issus des mêmes causes, a pu donner une idée de l'é-nergie, de la continuité d'action des phénomènes qui ont présidé à la distribution des métaux dans la portion du sol accessible à nos recherches ; mais nous ne sau-rions en rien conclure sur l'importance industrielle des

(1) « Le gypse, dit M Dufrénoy (*Annales des mines*, 2ᵉ série,
» t. 5, p. 195), qui a visité ce gisement, le gypse est saccharin
» assez dur et ne contient pas la quantité d'eau propre à la
» chaux sulfatée, ce qui fait présumer qu'il est en partie à
» l'état d'anhydrite. »

gîtes que nous avons énumérés. Une appréciation exacte de cette importance de l'avenir réservé à l'exploitation des métaux autres que le fer, dans l'Aveyron, ne saurait être déduite des seules données que nous possédons. Pour qu'un gîte puisse être exploité avec fruit, il faut que le minérai, objet de l'exploitation, satisfasse à certaines conditions de richesse et de gisement, dont le concours est malheureusement fort rare. Il faut qu'à une teneur métallique suffisamment élevée se joigne la régularité d'allure, la continuité du gîte, l'abondance relative du minérai.

Il y a donc trois choses à considérer dans l'étude d'un gîte métallifère au point de vue de sa valeur industrielle :

1° La nature du minérai, sa teneur, en métal ;
2° La proportion relative du minérai et des gangues ;
3° L'allure du gîte.

J'ai réuni dans le tableau suivant les faits authentiques à moi connus relatifs à la teneur métallique des minérais de l'Aveyron.

Quant aux conditions de gisement, les explorations superficielles du sol peuvent bien conduire à des inductions, à des probabilités ; mais une connaissance exacte de ces conditions ne peut être sûrement basée que sur le résultat d'explorations souterraines, de travaux de recherches longtemps suivis. L'étude détaillée des divers districts métallifères dans lesquels se trouvent groupés les principaux gîtes nous fournira plus tard l'ensemble des données qui, dans l'état de nos connaissances et des travaux d'exploitation déjà accomplis, peuvent le mieux nous faire apprécier l'importance de ces gîtes.

TENEUR MÉTALLIQUE DE DIVERS MINÉRAIS DE L'AVEYRON. — M. Berthier, dans son Traité des essais par la voie sèche ; M. de Hennezel, dans le Recueil des documents relatifs à l'exploitation des gîtes métallifères de l'Aveyron ; M. Senez, dans les comptes-rendus des essais et analyses faites dans le laboratoire de Villefranche (*Annales des mines*, 3ᵉ série, t. 18-20) ; M. Blavier, dans sa statistique minéralogique de l'Aveyron, ont fait connaître le résultat des travaux chimiques entrepris par eux sur les minérais du département. C'est à ces divers documents que nous emprunterons les indications contenues dans les tableaux suivants, en y ajoutant les résultats de quelques essais faits par M. Rivot, dans le bureau d'essai de l'école des mines.

Minérais de manganèse.

	Oxyde rouge de manganèse.	Oxyde de fer.	Oxyde de plomb.	Oxygène.	Eau.	Quartz.	Acide carbonique.	Total.	
Minérai de Vaysa.	0,673	0,015	.	0,081	0,008	0,221	.	1,000	d'après M. Senez.
Minérai de Cantagrel.	0,576	0,009	0,110	0,078	0,010	0,074	0,043	0,900	Le même.

Minérais de fer.

4° Minérai magnétique. — Fer oxydulé de Combenègre (Berthier).

Protoxyde de fer	0,262
Péroxyde de fer	0,585
Gangue	0,153
	1,000
Fonte à l'essai	0,640

2° Fer oxydé en grains de Sainte-Croix (Senez).

Péroxyde de fer	0,64
Eau	0,15
Alumine	0,10
Argile	0,11
	1,00

(57)

3° *Fer oxydé oolilique de Mondalazac* (Berthier).

Péroxyde de fer	0,440
Argile	0,060
Carbonate de chaux	0,500
	1,000

4° *Fer carbonaté des houillères de Decazeville* (MM. Combes et Lorieux).

Carbonate de fer	0,6174
»　　　de chaux	0,0479
»　　　de magnésie	0,0340
Pyrite de fer	0,1142
Silice	0,0140
Alumine	0,0040
Eau et bitume	0,1751
Total	1,0036

Fer carbonaté de l'Hermie et de Lassalle, en rognons dans le schiste houiller (Senez).

	L'Hermie.	Lassalle.
Carbonate de fer	0,74	0,680
»　　de manganèse	0,11	0,080
»　　de chaux	0,09	0,120
Gangue	0,06	0,080
Carbonate de magnésie		0,040
	1,00	1,000

Fer spathique de diverses localités (Senez).

	Pradines.	Magnols.	Cassagnes.	Faragut.	Bords de la Serène.
Carbonate de fer	0,82	0,75	0,796	»	»
»　　manganèse	»	0,07	0,101	»	»
»　　chaux	»	0,04	0,093	»	»
»　　magnésie	0,08	0,11	»	»	»
Protoxyde de fer	»	»	»	0,438	0,435
»　　manganèse	»	»	»	»	0,100
»　　chaux	»	»	»	0,007	»
»　　magnésie	»	»	»	0,114	0,018
Silice	»	»	»	0,084	0,103
Baryte sulfatée	»	0,03	»	»	»
Acide carbonique	»	»	»	0,357	0,342
Eau	»	»	0,007		»
Gangues diverses	0,10	»	»	»	»
Perte	»	»	»	»	0,002
	1,000	1,000	1,000	1,000	1,000

Fer chrômé du Puy-de-Vol (Berthier).

<pre>
Péroxyde de fer 0,367
Alumine 0,230
Oxyde de chrôme 0,348
Silice 0,055

                                   1,000
</pre>

Minérais de plomb.

Jamesonite de Las Parets, disséminée en blocs irréguliers, dans un calcaire magnésien, dans la côte de
La Graillerie, près Millau (Senez).

<pre>
Plomb 0,488
Cuivre 0,066
Antimoine 0,172
Soufre et perte 0,274

                                   1,000
</pre>

Plomb carbonaté de Cantagrel (Senez).

<pre>
Oxyde de plomb 0,650
Oxyde de fer 0,055
Acide carbonique 0,125
Quartz 0,160
Eau 0,010

                                   1,000
</pre>

Teneur en *plomb* de quelques *galènes*.

<pre>
                                       Plomb.
Galène argentifère de Vernet-
    le-Haut (Blavier)   0,60
Galène argentifère de Bord, mai-
    rie de Pomayrols (Blavier)   0,63
Galène argentifère de Pichiguet
    (Senez)   0,65
Galène argentifère de Morlhon
    (Senez)   0,489
Galène argentifère de Cantagrel
    (Senez)   0,431
</pre>

Minérais cuprifères.

Cuivre pyriteux de La Légrie (Senez).

Cuivre......................	0,3310
Fer	0,2840
Soufre.....................	0,3490
Résidu insoluble............	0,0535
	0,9875

Cuivre gris de La Légrie, formant ordinairement le centre du filon, sur une épaisseur de 2 à 6 pouces (Senez).

Plomb.....................	0,518
Antimoine.................	0,032
Cuivre....................	0,186
Soufre et perte...........	0,264
Traces de fer	»
	1,000

Teneur en *cuivre* de quelques minérais.

	Cuivre.	
Minérais cuprifères de Babouning.........	0,280	(de Hennezel).
Minérais cuprifères du minier du Tarn....	0,260	Idem.
Minérais cuprifères du filon de la Serène...	0,308	Idem.
Minérais cuprifères du filon du Puits, à Pichiguet...........	0,310	Idem.
Minérais cuprifères du filon Jacques, à Pichiguet...........	0,260	Idem.
Minérais cuprifères de Cassagnes..........	0,320	Idem.
Minérais cuprifères de Maillors...........	0,280	Idem.
Minérais cuprifères de Faragut...........	0,260	Idem.
Minérais cuprifères du pont de la Frégeaire.	0,270	Idem.

Minérais cuprifères de
Falgayrolles, près de
Monteils . . . . 0,263 Rivot (moy° de 3 essais.)
Minérais cuprifères de
Courbières, près de
Najac . . . . 0,342 Idem.
Grès et schistes cui-
vreux des Tourettes. 0,08 Rivot (moy° de 10 es.)
Rognons de cuivre py-
riteux et carbonaté
du même lieu. . . . . . 0,229 Rivot (moy° de 3 ess.)

Minérais argentifères.

Teneur en *argent* de quelques *galènes argentifères*.

Argent.

Galène argentifère de la tran-
chée Bernard. . . . . 0,0012 (de Hennezel).
Galène argentifère de Babou-
ning . . . . 0,00145 Id.
Galène argentifère de Galès. . 0,0014 Id.
Id. du Minier. 0,00495 Id.
Id. du même lieu. 0,0021 (Senez).
Galène argentifère du Mas-de-
Buisson. . . . . 0,0033 (de Hennezel).
Galène argentifère de Magnols. 0,0039 Id.
Id. de Boscau. 0,0036 Id.
Id. de Penevayre. 0,00445 Id.
Id. de La Baume. 0,0030 Id.
Id. de Macarou. 0,0029 Id.
Id. de Pesquiès. 0,00385 Id.
Id. de Vialettes. 0,0036 Id.
Id. de Laurière. 0,0030 Id.
Galène argentifère de Pichi-
guet. — Filon de la Serène. 0,0048 et 0,0021 Id.
Galène argentifère de Pichi-
guet. — Filon Jacques. . . . 0,0025 Id.
Galène argentifère de Pichi-
guet. — Filon Prox. . . . . . . 0,0045 Id.
Galène argentifère de Pichi-
guet. — Même filon. . . . . . . 0,0050 (Senez).

Galène argentifère de Pradines.	0,00115	(Senez).
Id.	de La Bessière.	0,00035	Id.
Id.	de Cantagrel..	0,0016	Id.
Id.	de Morlhon...	0,0021	Id.
Id.	de La Légrie..	0,0015	Id.
Id.	des Fonds....	0,00045	Id.
Galène argentifère de Bord, mairie de Pomayrols......	0,00304	(Blavier).
Galène argentifère de Vernet-le-Haut...............	0,00152	Id.

DEUXIÈME PARTIE.

—

ÉTUDE DES PRINCIPAUX DISTRICTS MÉTALLIFÈRES.

Si les résultats des essais et analyses que je viens de citer, pouvaient être considérés comme représentant la composition moyenne des minérais et non celle de quelques échantillons de choix, nul doute que ces minérais ne pussent rivaliser, sous *le rapport de la teneur métallique*, avec ceux des régions métallifères les plus favorisées ; et pour apprécier l'importance industrielle des gîtes qui les ont fournis, il ne resterait qu'à rechercher les conditions de gisement, à s'assurer de la proportion relative du minérai et des gangues, de la puissance et de la continuité des gîtes. Ici les données précises nous laissent malheureusement encore en défaut, si l'on excepte les minérais de fer en couches, tels que le fer carbonaté des houillères, le minérai oolitique des terrains jurassiques, dont l'allure régulière bien connue permet une évaluation exacte des richesses métalliques déposées dans leur sein (1) ; la plupart des gîtes ne nous sont connus que par quelques portions souvent fort restreintes de leurs affleurements. Sur leur étendue, sur leur continuité et leur puissance dans la profondeur, nous ne pouvons émettre que des présomptions. Quelques gîtes, il est vrai, ont été jadis l'objet de travaux d'exploitation considérables, et l'on peut voir dans l'étendue de ces travaux un indice favorable de la continuité des filons ; d'autres ont été récemment explorés, et le développement donné sur certains points aux travaux de recherches a permis de reconnaître déjà des

---

(1) Le minérai de fer oolitique de Mondalazac forme une couche régulière exploitable sur une étendue d'au moins 8,000,000 mètres carrés ; en prenant seulement 1 mètre pour l'épaisseur moyenne de la couche, en évaluant à 3,000 kil. le poids du mètre cube de minérai, et à 20 p. %, son rendement, évaluation bien au-dessous de la vérité, l'on trouverait que la quantité de minérai comprise dans la portion de gîte connue n'est pas moindre de 24.000,000,000 kil. pouvant fournir 4,800,000 tonnes de fonte.

massifs importants de minérais exploitables. Si à ces faits l'on ajoute les probabilités déduites de l'analogie que l'on observe sous le rapport de la composition , du gisement , des relations géologiques, entre les filons de l'Aveyron et ceux des régions métallifères les plus connues , l'on se trouve naturellement conduit à concevoir une opinion avantageuse sur la richesse minérale de cette contrée ; mais plus la pente est rapide et glissante, plus nous devons nous tenir en garde contre l'entraînement. Aussi me retranchant toujours dans le sentiment de réserve dont j'ai déjà indiqué les motifs , j'adopterai dans cette seconde partie de mon travail , consacrée à l'étude plus détaillée des principaux districts métallifères du département , la même marche que j'ai suivi dans la première partie. Je citerai des faits , et serai sobre d'inductions.

Parmi les gîtes métalliques de l'Aveyron , un assez grand nombre , nous l'avons déjà dit , a été à une époque reculée l'objet d'une exploitation longtemps suivie , dont les résultats , si l'on en croit certains documents historiques , n'auraient pas été sans importance. Les points sur lesquels paraissent s'être principalement concentrés les travaux des anciens , sont :

1° *Aux environs de Peyrusse* , à la Carsenie , le Bousquet, la Caze , le Minier-Haut , Peyremale , Tournhac.

2° *Aux environs de Villefranche* , à la Baume , Saint-Jean , la Maladrerie , Bouscau , le Cros , Macarou , Magnols.

3° *Aux environs de Labastide-l'Evêque* , aux Serres, Vialardet, la Pâle , Vezins , la Baume , la Bessière.

4° *Aux environs de Najac et Monteils* , à Falgayroles , Corbières , les Bastit , la Bessière, Pradines.

5° *Aux environs du Minier et du Viala-du-Tarn* , à Orzals , Douzilienque , Pradal.

6° *Aux environs de Creissels et de Peyre* , à Limazette , Galès , Soulobres , la Charité , les Fons.

7° *Aux environs de Sylvanès et Fayet* , à Bouchepayrol , Ouyre , Rostes , la Barre.

8° *Au Minier* , près de Saint-Geniez-d'Olt.

9° *A Taussac et Longuebrousse* , près du Mur-de-Barrez.

10° *Au roc de Kaïmar*, près Lunel.
11° *A Buzeins*, près Sévérac.
12° *A Roqueféral*, près Murasson.

Dans la plupart de ces points, des travaux souvent fort étendus consistant, soit en puits ou en galeries souterraines, soit en excavations à ciel ouvert, dont les déblais entassés de distance en distance rappellent les *Sierra-Bottini* de la Toscane, paraissent remonter à une époque fort reculée, et témoignent par leur importance de l'activité qu'avait acquise alors l'exploitation des mines métalliques dans l'Aveyron (1).

Des indices de fouilles moins considérables et aussi moins anciennes se font remarquer encore à Négrefoil, près Rieupeyroux ; au Bousquet, près Saint-Christophe; à Bors, près Vieurals ; à Corbières, Meynes, Lastiouses, près Mélagues....

Enfin, à une époque plus récente encore, des travaux de recherche et d'exploitation ont été ouverts sur divers gîtes métallifères devenus pour la plupart l'objet de plusieurs concessions.

L'on remarque parmi ces gîtes :

A. *pour le fer* :

1° Les minérais de fer des houillères compris dans le bassin d'Aubin, concédés à la compagnie des houillères et fonderies de l'Aveyron.

2° Les grès ferrugineux et les hématites brunes de Lunel, concédés aux mêmes.

3° Les minérais oolitiques de Mondalazac, concédés aux mêmes.

4° Les minérais oolitiques de Muret, concédés à la compagnie des mines d'Aubin.

5° Les minérais hydroxidés-carbonatés d'Aubignac, concédés au duc de Cazes.

Des fouilles ou des travaux d'exploitation, aujourd'hui à l'état d'abandon ou de chômage ont été pratiqués en outre, il y a peu d'années, sur les fers oxydulés de Com-

---

(1) L'on trouve, dans le *Recueil de documents relatifs à l'exploitation des gîtes métalliques de l'Aveyron*, les plans partiels de plusieurs de ces anciennes mines, relevés par M. de Hennezel.

benègre, sur les oolites ferrugineuses de Veuzac et Cazac, près Villefranche et Saint-Igest, sur le minérai oolitique de la Garinie et Sangayrac, près Montbazens, et sur les minérais en grains de la même localité, sur les fers olygistes du Puech et de Combelles, près Rodez; sur les hématites d'Ayrignac, près Bertholène; de Poureillet, près Goutrens; de Lesous, près Rignac.

Enfin une mine de graphite ou carbure de fer a été mise depuis quelques années en exploitation aux environs de Trémouilles par MM. Rolland et Ce.

B. *Pour les minérais contenant des métaux autres que le fer.*

Plusieurs filons contenant des minérais de cuivre, plomb, zinc, antimoine et argent, ont été, depuis 15 ou 20 ans, l'objet de travaux assez considérables. Ces filons sont situés :

1° *Dans la concession des mines de Villefranche* (1), aux Pesquiès, Phalip, la Verguole.

2° *Dans la concession des mines de Najac* (2), à Pichiguet, la Légrie, Cassagnes, Faragut.

3° *Dans la concession des mines de Saint-Rome-de-Tarn* (3), au Minier.

4° *Dans la concession de Creissels* (4), à la Foncée-Bernard, à Babouning, au ravin de Lavadous.

5° *Dans la concession de la Barre*, *Mélagues et Sénomes* (5), à Corbières, Fonserène, Meynes, la Barre.

6° *Aux environs de Brousse*, à las Tourrettes, St-Juéry, Saint-Izaire.

7° *Aux environs de Sylvanès et Fayet*, à Ouyre, à Promilhac, à la Baume, à Rostes, au mas d'Andrieu, à Brusques.

(1) Mines de Villefranche concédées à M. Alfred Roy de l'Ecluse (ordonnance du 8 mars 1841).

(2) Mines de Najac,   id.

(3) Mines de Saint-Rome-de-Tarn, concédées à MM. des Longuiers et des Marans (ordonnance du 28 décembre 1840).

(4) Mines de Creissels,   id.

(5) Mines de la Barre et Corbières, concédées à MM. Achille Durand et Protait Gervais (ordonnance du 23 avril 1837).

Les fouilles comprises dans les cinq concessions que nous avons énumérées sont toutes abandonnées ou plutôt à l'état de chômage. Celles des environs de Brousse, Sylvanès, Fayet et Brusques sont en activité, et les gîtes sur lesquels on les a entreprises sont l'objet d'une demande de concession actuellement en instance (1).

Il est naturel de penser que là où se sont porté de préférence l'attention et les efforts des exploitants, là doivent se trouver aussi les gîtes les plus riches ou du moins ceux dont les apparences extérieures étaient de nature à faire naître de plus belles espérances, et comme d'ailleurs ces gîtes mis à nu et entamés par les travaux du mineur offrent plus de facilité à l'observation, c'est dans leur étude que nous devons rechercher les données propres à nous éclairer sur leur structure, sur leur mode de gisement et sur les lois géologiques auxquelles ils paraissent subordonnés. Nos investigations porteront donc plus particulièrement sur les filons qui sont ou ont été jadis l'objet de travaux d'exploitation ou de recherches, et, en agissant ainsi, nous n'aurons pas seulement pour but de citer comme exemples les filons les plus faciles à observer, mais encore de rechercher et de mettre en évidence les lois qui ont présidé à leur distribution.

Bien qu'ils se trouvent répandus sur presque toute la surface du département, de manière à démontrer par leur extrême diffusion la généralité des phénomènes auxquels ils sont dûs, les gîtes métallifères de l'Aveyron sont néanmoins réunis en groupes plus serrés dans divers points, formant ainsi un certain nombre de districts

____

(1) *N. B.* Depuis l'époque où ce mémoire a été écrit (1852), quatre autres concessions de minérais métalliques ont été données dans l'Aveyron, à savoir :

La concession de Faveroles, à M. B. Dameron, le 3 mai 1854.

La concession du Viala, à M. E. de Martrin, le 2 août 1854.

La concession de Camarès, à M. de Bellegarde, le 10 décembre 1855.

La concession de Brusques, à MM. Adam et Rivail, le 11 août 1856.

Ces concessions embrassent, dans leur périmètre, la plupart des gîtes indiqués ci-dessus.

métallifères, sur lesquels nous arrêterons successivement notre attention.

Ces districts, au nombre de cinq, nous fourniront le
sujet d'autant de chapitres distincts : nous les étudierons
dans l'ordre suivant :

1. District métallifère de Najac ;
2.   id.   de Villefranche ;
3.   id.   d'Asprières ;
4.   id.   de la vallée du Tarn ;
5.   id.   de la Barre et Corbières.

Adoptant pour l'étude de chaque district un plan uniforme, nous ferons successivement connaître sa composition géologique, les gîtes métallifères qu'il renferme,
les roches éruptives et les autres produits ou phénomènes en connexion plus ou moins directe avec les minérais métalliques. Des tableaux synoptiques, résumant les
faits relatifs à chacun d'eux rendront plus facilement
comparables les résultats des observations recueillies
dans les divers districts, et feront mieux ressortir ce qu'il
y a entre eux d'analogie ou de dissemblance.

Districts métallifères de l'arrondissement de Ville-franche.

Une sorte d'isthme étroit, allongé dans la direction
N. 20° E., rattache au plateau central de la France le
massif schisteux qui forme la partie S.-O. du département de l'Aveyron et se prolonge au sud dans le département du Tarn jusqu'à la montagne Noire.

L'axe de cet isthme est granitique ; le gneiss et les
schistes micacés forment sur ses bords un mince revêtement et se retrouvent en lambeaux détachés dans
quelques points de sa surface.

Cet isthme granitique et surtout le manteau schisteux
qui en forme le revêtement occidental, récèlent dans
toute leur étendue, depuis Capdenac, sur le Lot, jusqu'à La Guépie, de nombreux gîtes métallifères,
accompagnés de filons pierreux plus nombreux encore
et de roches éruptives fort variées, mais appartenant
presque toutes à la classe des roches trapéennes.

La plupart de ces gîtes métallifères présentent dans
leurs conditions de gisement, dans leur allure, dans

leur nature même une grande uniformité, et l'on est naturellement porté, de prime abord, à les considérer tous ou presque tous comme des effets multiples, mais identiques d'une seule et même action géologique. Néanmoins, si l'on tient compte de leur mode de groupement, si l'on prend, d'ailleurs, en considération la nature des roches éruptives avec lesquelles ils sont en rapport, l'on est conduit à distinguer dans cette longue bande métallifère trois groupes que nous désignerons par les noms des principales localités comprises dans leur périmètre. Ainsi nous distinguerons le district métallifère de Najac, de Villefranche, d'Asprières.

District métallifère des environs de Najac.

DISTRICT DE NAJAC. — Le district métallifère de Najac a donné lieu à une concession, et quelques-uns des filons qu'il renferme ont déjà été l'objet de travaux sérieux de recherche ou même d'exploitation.

Dans un travail spécial, inséré dans les *Mémoires de l'Académie des sciences de Lyon*, M. Fournet a déjà fait connaître, avec plus de détails que je ne pourrais en donner ici, la constitution géologique de ce district, la composition, l'allure de ses gîtes métalliques. Je ne saurais rien ajouter aux résultats de ses études savantes et consciencieuses ; je dois me borner à les résumer.

CONSTITUTION GÉOLOGIQUE. — GRANITE. — Le granite, le gneiss, les amphibolites, les serpentines et quelques roches euritiques rares forment la charpente minérale de ce district.

Le granite est à grains moyens : mica noir, feldspath, orthose, blanc lamelleux, quartz hyalin gris ; quelques parties affectent la disposition porphyroïde. Il contient des amas et filons subordonnés de granite à grains fins et de leptynites.

GNEISS. — Le gneiss s'appuie au sud et à l'ouest sur le granite ; son grain est généralement fin, sa structure serrée, sa stratification tourmentée accuse de nombreuses et violentes dislocations que confirment, d'ailleurs, le plus souvent les caractères métamorphiques de la roche et la présence de roches anormales et de filons njectés.

Le granite, ainsi que je viens de le dire, forme la partie haute et centrale de l'isthme primitif, tandis que le gneiss forme sur son revers occidental une bordure étroite dans l'épaisseur de laquelle est creusé le vallon abrupte qui sert de lit à l'Aveyron, depuis Monteils jusqu'à La Guépie. C'est dans cette bordure schisteuse que se trouvent plus particulièrement concentrées, quoique d'une manière non exclusive, les roches éruptives et les filons métalliques.

TERRAINS SÉDIMENTAIRES. — Plus loin, vers l'ouest, on voit le terrain primitif disparaître sous des dépôts sédimentaires qui correspondent aux formations du trias et du terrain jurassique. La description de ces terrains serait déplacée ici ; bornons-nous à énoncer un fait sur lequel nous aurons à revenir plus tard, à savoir : que ces terrains, comparativement modernes, n'ont pas été complètement à l'abri des dislocations qui ont bouleversé le sol de la contrée, et que si la plupart de ces dislocations ont eu lieu avant leur dépôt, d'autres ont eu lieu aussi après leur formation, comme le prouvent surabondamment le redressement de leurs couches, les solutions de continuité, les failles profondes qui les découpent ; enfin, la présence même de filons métalliques.

ROCHES ÉRUPTIVES. — Les roches éruptives de ce district appartiennent presque exclusivement au groupe serpentineux, et si dans quelques points on voit des masses d'apparence euritique, comme au pont de La Frégeaire, sous Najac, à Corbières, ces masses elles-mêmes se rapprochent beaucoup, ainsi que l'a fait remarquer M Fournet, des serpentines proprement dites. Celles-ci se montrent sur plusieurs points : sous le hameau de Cassagnes, un peu en aval de Najac, elles constituent une masse puissante qui forme sur une assez grande longueur les deux berges de la vallée de l'Aveyron. Un peu plus loin, vers le sud, on les retrouve dans la vallée de la Serène, sous le village de La Légrie, et dans tout l'intervalle compris entre ces deux points ; sa présence se révèle, soit par de nombreux boutons éruptifs, soit surtout par les caractères métamorphiques des gneiss fortement imprégnés d'amphiboles et de grenats. Les serpentines se montrent encore sur divers autres points, notamment aux environs de Monteils, de Mas-del-Puech, de La Guépie.

Elles sont constamment accompagnées d'amphibolites et de diorites grenatifères, et leur liaison avec ces roches est telle que l'on peut presque toujours conclure avec certitude de la présence des amphibolites à la proximité des serpentines et réciproquement (1). Les roches serpentineuses de ce district ne présentent dans leur composition rien de particulier; elles sont généralement compactes, homogènes, de couleur verte plus

(1) Cette association constante de roches si disparates, si distinctes par leur composition, par leurs caractères physiques et chimiques, m'avait depuis longtemps frappé, et tout en la constatant, j'éprouvais une grande difficulté à m'en rendre compte. La lecture du beau mémoire de M. Delesse, sur les serpentines des Vosges (*Annales des mines*, t. 18, 4e série, p. 309), m'a semblé pouvoir donner la clef de ce phénomène. Ne pourrait-on pas, en effet, supposer que la formation des grenats et de l'amphibole dans les roches encaissantes (schistes et gneiss) est le résultat de l'influence métamorphique que l'injection des serpentines a dû exercer sur ces roches? M. Delesse a montré que dans les serpentines des Vosges comme dans celles de l'Aveyron, les minéraux disséminés dans la pâte des serpentines, le fer chrômé et oxydulé, la pyrite de fer, la chlorite, le diallage, sont plus magnétiques et surtout plus riches en fer que les minéraux disséminés à l'état de filons et d'amygdales, comme le chrysotil, la serpentine noble, la némalite, la brucite, le carbonate de chaux. Il semble donc que la puissance magnétique de la roche injectée peut exercer une influence sur la nature des minéraux hétérogènes produits dans sa masse par infiltration ou par toute autre cause. N'est-il pas, dès-lors, naturel de penser que cette *influence magnétique, transmissible à distance, a dû s'exercer non-seulement dans la roche plutonique elle-même, mais encore dans les masses minérales contiguës?* La concentration des minéraux magnétiques, produits par voie de métamorphisme dans les roches encaissantes, au contact d'une roche éruptive magnétique elle-même, serait alors une conséquence bien naturelle de cette influence. Dans les expériences de laboratoire, on facilite la combinaison de deux éléments chimiques en les mettant en présence d'un troisième corps qui a de l'affinité pour le composé que l'on veut produire; l'influence des roches magnétiques éruptives sur la création des minéraux métamorphiques magnétiques serait la reproduction en grand d'un phénomène analogue, d'une force d'affinité semblable.

ou moins foncée, présentant assez fréquemment ces variations de nuances auxquelles elles doivent leur nom. Le fer oxydulé s'y trouve abondamment répandu, soit en parcelles microscopiques intimement mélangées, soit en veinules ramifiées et anastomosées constituant de véritables ophiolites. L'on y trouve beaucoup plus rarement du fer chrômé et des pyrites ; les filons métalliques se montrent nombreux dans leur voisinage et pénétrent même quelquefois dans la masse éruptive.

L'on ne remarque aucune symétrie dans la distribution des serpentines ; elles sont irrégulièrement disséminées sur presque toute l'étendue de cette longue bande schisteuse qui court de La Guépie à Villefranche dans la direction N. 21° E., formant la bordure occidentale du plateau granitique de Sanvensa.

Eurites. — La même disposition se fait remarquer dans les porphyres euritiques de ce district, avec cette différence que les eurites au lieu de former des amas éruptifs semés en quelque sorte au hasard sur toute l'étendue de la bande schisteuse dont nous avons parlé, ne se montrent qu'à l'extrême limite de cette bande, sur la ligne de séparation des terrains primitifs et des terrains sédimentaires où ils semblent former un immense filon, limite dont on voit poindre les affleurements, de distance en distance, à Najac, aux Bastits, à Corbières, à Combetton, à Monteils. Ces eurites sont compactes, homogènes, composées d'une pâte blanche passant au gris cendré clair ou au gris de perle dans laquelle on remarque des tâches jaunes ou vert jaunâtre irrégulières fondues dans la masse. La matière qui compose ces tâches est tendre et ses caractères analogues à ceux de la serpentine semblent établir une liaison entre les roches euritiques et serpentineuses de cette région. Néanmoins, en avançant vers le nord, l'on voit les caractères des eurites se dessiner plus nettement à mesure que l'on s'approche du massif porphyrique des environs de Villefranche, dont cette longue traînée d'affleurements euritiques n'est peut-être qu'une ramification.

Les rapports des eurites avec les filons métallifères ne sont point aussi marqués que ceux des serpentines. Néanmoins, l'on voit le filon du pont de la Frégeare pénétrer en se ramifiant dans l'eurite et, près de la Garde-Viaur, cette même roche constitue un filon régulier, imprégné de pyrite, en contact presque immédiat avec le filon métallifère de Pradines.

Le district de Najac, contigu à celui de Villefranche, avec lequel il a, d'ailleurs, une très-grande analogie, sous le rapport de la multiplicité et de la nature des gîtes métalliques, ne saurait être délimité d'une manière bien précise. J'ai réuni dans ce district tous les filons compris dans la zóne métallifère des bords de l'Aveyron, depuis La Guépie jusqu'à Monteils. Essayer de décrire un à un ces filons, qui pour la plupart ont déjà été décrits par M. Fournet, ce serait entreprendre un travail aussi monotone qu'inutile. Un tableau synoptique, résumant les principales conditions de gisement, l'allure et la position géologique des gîtes étudiés, suffira pour nous faire apprécier les lois générales de leur formation, et un examen plus détaillé de quelques-uns des principaux filons suppléera à ce qu'un tel résumé doit nécessairement laisser de vague et d'incomplet.

EXPLICATION DU TABLEAU SYNOPTIQUE. — La première colonne du tableau contient les numéros d'ordre de chaque filon ; ces numéros sont les mêmes qui indiquent la position des filons dans les cartes jointes au mémoire.

Dans la deuxième colonne, se trouve la désignation des filons, l'indication des lieux où ils ont été observés, ou le nom sous lequel ils sont connus dans le pays. Un signe particulier, placé à droite de la même colonne, fait connaître ceux de ces gîtes qui ont été ou sont encore l'objet de travaux d'exploitation ou de recherche.

Le signe * indique les travaux récents d'exploitation ou de recherche.

Le signe ** indique les travaux anciens abandonnés.

Les troisième, quatrième et cinquième colonnes destinées à faire connaître les conditions de gisement, indiquent : 1° la nature des roches encaissantes ; 2° la direction des filons ; 3° leur inclinaison.

Les directions sont données en degrés et en heures :

la première de ces indications permet de mieux préciser les directions observées ; la seconde fait mieux ressortir les rapports qui, sous ce point de vue, peuvent exister entre les filons.

Dans les sixième et septième colonnes sont réunies quelques données sur la composition des gîtes métallifères, sur les matières minérales, pierreuses ou métallifères qui constituent ces gîtes.

Une dernière colonne présente, enfin, sous le titre *d'observations*, les faits qui n'ont pu trouver place dans les sept premières.

District métallifère de NAJAC.

N.° d'ordre	Désignation des filons et lieux d'observation	Gisement — Roche encaissante	Gisement — Direction en degrés	Gisement — Direction en heures	Gisement — Inclinaison	Minéraux constituants — Gangues	Minéraux constituants — Minérais	Observations
1	Soulages et Pradines **	Gneiss et sch. micacé.	O. 25° N.	H 7 1/2	presque v[t].	Quartz....	Galène, pyrite cuivreuse, fer spathique.	
2	La Sarrie et le Pontal	Granite.	N. 78 à 80° O.	7	65° N. 10° E.	Id.	Cuivre carbonaté.	
3	La Planque, près la Bruguière	Id.	O.-N.-O.	7 1/2	Variable.	Id.	Cuivre carbonaté, C. pyriteux.	
4	Pichiguet, filon de la Sérène *	Gneiss et sch. micacé.	N. 15 à 30° O.	10 à 11	»	Id.	Cuivre carbonaté et pyriteux, pyrite cuivreuse, cuivre sulfaté, galène, plomb carb., blende bournonite, fer carbonaté.	
5	filon Prox *	Id.	N. 37° O.	10	»	Quartz et chaux carbon.	Pyrite cuivreuse et ferrugineuse, galène, fer spathique.	(1)
6	filon Jacques *	Id.	N. 36° O.	10	»	»	Mêmes minérais plus rares.	
7	filon du Puits *	Id.	N. 18° O.	10	»	»		
8	Maillors	Diorite.	N.-O.	9	»	Quartz, chaux carbonatée.	Cuivre pyriteux, bournonite, blende, fer spathique très-abondant, galène rare, malachite.	(2)
9	Cassagnes *	Serpentine.	Irrég. E.-O.	6	»	Id.	Fer spathique, galène, pyrite cuivreuse.	
10	Ferragut *	Serp. au mur, schistes micacés au toit.	O. 15° N.	7	»	Quartz hyalin, calcédon.	Fer spathique, pyrite cuivreuse.	
11	La Croisille	Infrallas.	Indéterminée		Indéterm.	»		
12	La Bastit **	Gneiss et micachistes.	N. 40° O.	9	Plonge à l'E. 40 N.	»	Zinc carbonaté.	
13	La Bessière **	Id.	N. 45° O.	9	»	Quartz sacchar. et jaspé.	Cuivre métallique, cuivre pyriteux, plomb vert, bournonite, galène et blende.	(3)
14	Mas de Cadène	Id.	N.-O.	9	»	Quartz saccharoïde et rubané.	Hématite.	
15	Pont de la Frégeaire	Id.	N.-O.	9	»	Quartz saccharoïde.	Cuivre pyriteux, plomb phosphaté et carbonaté.	
16	L'Espanié	Id.	O.-N.-O.	7 1/2	85° N. N.-E.	Id.	Cuivre carbonaté vert et bleu, cuivre pyriteux, plomb jaune et plomb carbonaté.	(4)
17	Corbières **	Id.	N. 78 80° O.	7	60° N. 10E.	Quartz....	Galène, cuivre carbonaté.	(5)
18	Combettes	Id.						
19	Falgayroles **	Id.	N. 78 80° O.	7	58° N. 10° E.	Id.	Cuivre carbonaté vert et bleu, pyrite cuivreuse, cuivre gris.	(6)
20	Sillors	Id.			»	»		
21	Couraux et Lafeuillade	Gneiss, sch. et granite.	N. 55° O à N. 45° O.	8 à 9	»	Id.	Manganèse oxydé et silicaté.	(7)
22	Long-Col	Gneiss et schiste.	O.-N.-O.	7	»	Id.		
23	Santou **	Lias, grès inférieurs.	O. 50 N.	8	60° N. 50 E.	Quartz, baryte sulf.	Pyrite cuivreuse, cuivre carbonaté, cuivre silicaté.	

(1) Les filons Jacques et Prox ne sont que 2 portions du même filon, dont la direction moyenne est O. 40° N.

(2) C'est le filon le plus riche en fer spathique; il a 2 m. de puissance.

(3) Il y a à la Bessière 2 filons, l'un chargé de blende et l'autre cuprifère.

(4) 2 à 5 m. de puissance.

(5) Puissance 2 m.

(6) Vieux travaux. — Puissance 3 à 8 m.

(7) 3 à 5 m. d'épaisseur.

Quand on parcourt des yeux le tableau qui précède , trois choses frappent surtout, ce sont :

1° Au point de vue de la composition , l'uniformité presque absolue des gîtes ;

2° Au point de vue des gisements , leur diffusion dans tous les terrains de la contrée ;

3° Au point de vue de leur allure, une tendance générale vers une direction à peu près constante.

Composition des filons métalliques. — Gangues. — La matière dominante dans les filons de ce groupe est le quartz , présentant des caractères particuliers différents de ceux que l'on observe dans la plupart des autres districts. Il a généralement un aspect gras, calcédonieux , une structure rubanée et passe fréquemment au jaspe. Dans un assez grand nombre de gîtes , dans ceux surtout qui sont encaissés dans la serpentine ou placés dans son voisinage comme à Pichiguet, Maillors, Cassagnes , Farragut, le quartz est associé à des carbonates de chaux , de fer et de zinc. Parmi les autres matières lithoïdes , l'on distingue la chaux sulfatée et la baryte sulfatée , mais ces deux substances y sont excessivement rares.

Minérais métalliques. — Les minérais métalliques sont beaucoup plus nombreux que les gangues et , sous ce rapport , le caractère saillant de ce groupe semble être la variété ; les matières cuivreuses y abondent ; il n'est presque aucun filon qui ne nous en ait présenté : elles consistent surtout en cuivre pyriteux , cuivre gris , pyrite cuivreuse , bournonite , cuivre carbonaté , cuivre sulfaté , cuivre silicaté , cuivre phosphaté , cuivre natif.

Aux matières cuprifères , qui semblent caractériser plus particulièrement ce district , se trouvent assez habituellement associés des minérais de plomb, consistant en galène , plomb phosphaté et carbonaté ; des minérais de zinc (blende et zinc carbonaté) ; enfin, des minérais de fer et de manganèse.

Disposition relative des gangues et des minérais. — Les matières métalliques sont tantôt finement disséminées dans la gangue, tantôt et plus souvent disposées en bandes parallèles ou en zônes concentriques alternant avec des bandes ou des zônes de quartz.

La puissance de la plupart des filons est considérable, et on les voit, grâce à la dureté de la roche quartzeuse qui en constitue la masse, former des dikes saillants d'une grande épaisseur. Les dikes de Pradines, du Pontal, de l'Espanié, de Combettes, Corbières, Couraux, Sillors, Long-Col, Le Bastit, Falgayroles, présentent sur plusieurs points de leurs affleurements des exemples de ces dikes dont la puissance atteint parfois jusqu'à 5 et 8 mètres.

C'est généralement dans la partie centrale des filons que se trouvent concentrés les minérais métalliques, tantôt, ainsi que nous l'avons dit, en grains fins, en mouches irrégulièrement disséminées dans la masse quartzeuse, tantôt en filets ou en bandes dont la continuité et l'épaisseur laissent malheureusement presque toujours beaucoup à désirer. L'on trouve, néanmoins, d'heureuses exceptions, et les fouilles déjà faites sur plusieurs filons dans la vallée de la Serène ont fait reconnaître des masses importantes et bien réglées de minérais exploitables dont la teneur en argent ne s'élève pas à moins de 0,0045, soit 4 kilogrammes 1/2 par tonne (1).

Les filons de la vallée de la Serène sont les seuls sur lesquels les travaux modernes aient été suivis avec assez de persévérance pour faire connaître l'allure du gîte dans la profondeur et permettre de constater avec certitude sa richesse. Mais il en existe un assez grand nombre d'autres dans lesquels on retrouve des traces de travaux étendus, indices très-probables d'une richesse trouvée suffisante pour donner lieu à une exploitation longtemps suivie. Tels sont les filons des Bastits, de Pradines, de Corbières, Falgayroles : la plupart sont compris dans les limites de la concession de Najac ; il en est, cependant, quelques-uns, ceux de Combettes

____

(1) M. de Hennezel évaluait, en octobre 1842, à 2,500 tonnes la quantité de minérai reconnue et préparée pour l'exploitation dans les mines de Pichiguel. (*Recueil de documents*, page 119).

et Falgayroles surtout , qui , placés hors de ces limites , présentent des indices assez encourageants.

GISEMENT. — Le gisement le plus ordinaire des filons de ce district est dans la zône schisteuse qui borde au S.-O. le plateau granitique ; mais plusieurs d'entre eux s'étendent à l'Est au-delà des limites de cette zône et pénètrent dans la formation granitique jusqu'à une assez grande distance de ses bords ; vers l'ouest , au contraire , ils se perdent le plus souvent avant d'arriver à la limite de la zône schisteuse, et quand ils atteignent cette limite , on les voit s'arrêter brusquement à la rencontre de la faille qui forme la ligne de démarcation entre les terrains cristallins stratifiés et les formations secondaires. Cette disposition est très-facile à observer à l'extrémité occidentale des filons de Falgayroles et de l'Espanié : le premier s'avance sous forme d'un dike quartzeux puissant jusqu'à la limite du schiste et du trias où il disparaît tout-à-coup sans que l'on en retrouve la moindre trace au-delà de cette limite dans le trias fortement disloqué ; quant au filon de l'Espanié , il conserve également sa puissance et sa régularité jusqu'à la ligne de séparation des schistes et du grès bigarré , ligne marquée dans ce point par un filon d'eurite , dans lequel le filon métallique pénètre , mais disparaît bientôt en se ramifiant.

AGE DES FILONS. — De ces faits , il paraît résulter que la production des filons de ce district est antérieure à la production de cette grande faille que nous avons déjà signalée à plusieurs reprises , comme formant la limite occidentale du plateau granitique. Cette faille , que son parallélisme avec les dislocations du *système du Rhin*, N. 21° E., et sa position au pied de la falaise qui semble avoir formé la côte orientale du bassin triasique , tendent à faire considérer, de prime abord , comme antérieure au dépôt du grès bigarré ; cette faille , dis-je , est comparativement moderne , car elle affecte, ainsi que le montrent les coupes (fig. 1 et 3 pl. X), les formations jurassiques même les plus récentes.

Quant aux rapports d'âge qui peuvent exister entre les gîtes métallifères et les terrains de sédiment de cette contrée , diverses circonstances tendent à en rendre l'appréciation difficile. En voyant les filons si nombreux dans les terrains schisteux et granitiques s'arrêter brusquement à la ligne divisoire qui sépare ces terrains du trias, l'on est naturellement porté à supposer que leur apparition a précédé l'époque triasique. Mais si l'on observe : 1° que cette interruption brusque des filons s'explique suffisammeet par le rejet dû à la faille limite ; 2° que l'on retrouve quelques filons, peu nombreux il est vrai, et réduits à de moindres proportions, dans les terrains secondaires jusqu'au lias inclusivement (filons de Santou et de La Croisille) ; 3° que les filons subordonnés aux formations sédimentaires présentent, tant dans leur composition que dans leur allure, une analogie marquée avec ceux de la zône schisteuse dont ils ne diffèrent que par des conditions de gisement de puissance en rapport avec les caractères de la roche encaissante.

L'on se trouve amené, par voie de conclusion, à admettre que l'émission des vapeurs métalliques et la production même des fissures destinées à les recevoir, a eu lieu, sinon en totalité, du moins en partie, à une époque géologique récente : il serait difficile de fixer cette époque d'une manière bien précise ; mais tout porte à croire qu'elle est postérieure au moins aux premiers dépôts de la mer jurassique.

Peut-être pourrait-on supposer que la formation des gîtes de ce district doit se rapporter à deux ou plusieurs époques distinctes ; mais, sans repousser cette opinion d'une manière absolue, on peut lui opposer l'analogie de composition des gîtes et leur tendance générale vers une direction à peu près constante.

Si l'on se reporte en effet à la quatrième colonne du tableau synoptique, page 358, l'on voit que sur 19 directions de filons consignées dans cette colonne, 17 sont réunies dans l'intervalle de 45° compris entre 7 et 10 heures, et deux directions seulement s'écartent de une heure en plus ou en moins.

La même conformité se fait remarquer dans l'inclinaison des gîtes, tous ceux qu'il nous a été possible d'observer plongent vers le N.-E. (1).

---

(1) Voir la rose des directions observées dans les filons de ce district, Pl. VIII.

En résumé, les faits observés dans le district de Najac nous paraissent autoriser à admettre, comme caractères distinctifs de ce groupe :

Composition.

Dans les gangues : L'abondance d'un quartz calcédonien à éclat gras, la rareté de la baryte sulfatée, la présence de divers carbonates, notamment des carbonates de chaux et de fer.

Dans les minérais métalloïdes : L'abondance des minérais cuprifères, la multiplicité, la variété des autres minérais métallifères de plomb, fer, zinc, argent, antimoine, l'état cristallin plus développé de ces mêmes minérais, notamment de la galène.

Gisement.

Dans les conditions de gisement : Injection des filons dans tous les terrains de la contrée, jusques et y compris le terrain infrà-liasique.

Direction *constamment* comprise dans le cadran S.-E. et le plus habituellement dans le 3ᵉ octant.

Plongement presque constant vers le N.-E.|

Nous pouvons admettre, en outre, comme faits acquis par l'observation et par les discussions qui précédent, les conclusions suivantes :

Les filons de ce district appartiennent tous à la classe des filons ordinaires ou concrétionnés ; les roches éruptives auxquels ils paraissent subordonnés, et sous l'influence desquelles ils ont été probablement produits, appartiennent au groupe des roches basiques et plus particuliérement à la formation des serpentines.

District métallifère de Villefranche et La Bastide.

Peut-être devrions-nous voir dans le district métallifère de Villefranche, moins un district nouveau, que le prolongement de celui que nous venons de décrire, et auquel il se rattache tant par sa position que par ses caractères géologiques. Ce sont encore en effet les mêmes accidents topographiques, les mêmes roches constituantes ; et dans les filons métallifères on retrouve aussi les

mêmes gangues, les mêmes minérais dans des conditions presque identiques de gisement. La principale différence existe dans les roches éruptives. Ces roches sont
bien encore comme dans le district de Najac des serpentines et des porphyres euritiques, mais leur proportion relative est bien différente.

Les serpentines qui, dans le district de Najac et surtout aux environs de la Légrie, Cassagnes..., vers l'extrémité sud de la zône métallifère, formaient la masse
éruptive principale à laquelle semblaient se rattacher la
plupart des filons et les plus riches; les serpentines,
dis-je, sont excessivement rares et ne forment que des
accidents sans importance dans le district de Villefranche, tandis que les eurites et les porphyres albitiques,
dont nous avons à peine trouvé quelques traces aux environs de Najac, acquièrent ici un développement immense. Ainsi, bien que les deux roches éruptives soient
les mêmes, leur rôle est changé. Celle qui dans l'un des
districts forme le produit éruptif dominant, ne forme
plus dans l'autre qu'un élément accidentel comparativement rare. Cette différence n'a point échappé à M. Fournet, qui, dans le mémoire déjà cité, a distingué dans
les filons de cette contrée les *filons du système euritique* et les *filons du système serpentineux*, faisant
ressortir avec sa sagacité habituelle les caractères souvent peu apparents qui distinguent les filons de chacun
de ces groupes.

Les serpentines et les eurites, existant concurremment sur presque toute l'étendue de la bande métallifère
entre Villefranche et La Guépie, et la séparation de
ces deux roches n'étant à peu près complète qu'aux
deux extrémités opposées de cette bande, l'on ne doit
point s'attendre à trouver une démarcation topographique bien nette entre les deux systèmes de filons. L'on
peut néanmoins, en considérant les choses dans leur
ensemble, regarder le groupe métallifère de Villefranche comme appartenant au système euritique, tandis
que le groupe de Najac constituerait le système serpentineux, bien que l'on trouve dans le premier de ces districts quelques filons présentant les caractères des filons
du système serpentineux, et réciproquement.

Caractères distinctifs des filons du système euritique. — Les gîtes métallifères du district de Villefranche sont principalement groupés sur les berges de la vallée de l'Aveyron et des gorges affluentes, et l'on voit notamment dans la falaise schisteuse, comprise entre Villefranche et Monteils, des crêtes saillantes, de rochers quartzeux, dessiner leurs affleurements : l'aspect de ceux-ci est à peu près le même que dans le district de Najac, ce sont le plus souvent des masses presque exclusivement composées de quartz, dans lesquelles l'on a de la peine à apercevoir au premier coup-d'œil les traces des minérais métalliques, presque toujours finement disséminés dans la gangue et décomposés dans les surfaces longtemps exposées à l'air.

Ces affleurements présentent fréquemment ces matières ferrugineuses désignées sous le nom de chapeaux de fer et considérées par les mineurs anglais comme indices favorables de la richesse des filons.

Gangue. — Le quartz, qui forme la gangue dominante la plus habituelle, diffère par ses caractères extérieurs de celui que nous avons décrit dans les gîtes du système serpentineux ; il est habituellement saccharoïde ou grenu, rude au toucher, d'un blanc de lait mat et opaque, sans éclat ; sa structure présente souvent cette disposition particulière que l'on a désignée par le nom de *structure hâchée et cariée*.

La baryte sulfatée, quoique moins commune que le quartz, existe cependant dans un grand nombre de filons, parfois assez abondante, notamment dans les filons de plomb phosphaté et galène des environs de La Bastide.

Les carbonates de fer et de chaux sont fort rares et ne forment jamais qu'un élément secondaire très-peu abondant.

Minérais. — Quant aux minérais métalliques, beaucoup moins variés que ceux du système serpentineux, ils consistent en galène, bournonite, pyrite cuivreuse et cuivre gris, blende, péroxyde de manganèse, pyrite de fer, fer oxydulé et péroxyde de fer. L'on peut citer aussi, mais comme minérais fort rares dans ces contrées, la pyrite arsenicale et le nickel arsenical.

MINÉRAIS CUIVREUX. — Les matières cuivreuses qui , dans les gîtes du district de Najac, constituaient un élément essentiel parfois dominant, manquent le plus souvent ici et ne jouent qu'un rôle fort secondaire dans les filons où elles existent.

MINÉRAIS DE PLOMB. — Les minérais de plomb , au contraire , paraissent former l'élément métallique principal de ce groupe, auquel on pourrait donner le nom de *groupe plombifère* , par opposition au *groupe cuprifère* de Najac. La galène est le minérai habituel ; mais ce n'est plus la galène lumelleuse largement cristallisée des filons serpentineux , elle est ordinairement grenue à très-petits grains , parfois disséminée et intimement mélangée avec la gangue , en parcelles impalpables tellement fines, qu'on les distingue à peine , et que leur présence resterait ignorée si elle n'était révélée par la coloration de quartz , auquel ce mélange intime donne une couleur grise ou brune. Ces quartz gris métallifères, stratifiés en bandes alternantes avec des quartz stériles , donnent souvent à l'ensemble des filons un aspect zônaire ou rubané.

La galène contient fréquemment une quantité assez notable d'argent, et l'on peut citer parmi les plus riches sous ce rapport :

La galène de Pénevayre , contenant... 0,445 p. %
»   de Magnols ,   »   ... 0,390
»   de Pesquiés ,   »   ... 0,385
»   de Vialelles ,   »   ... 0,360
»   de Bouscau ,   »   ... 0,36
»   du mas de Bouyssou ,   ... 0,33
»   de Laurière ,   ... 0,30
»   de La Baume ,   ... 0,30

La galène est accompagnée , dans quelques filons de bournonite , et beaucoup plus fréquemment de plomb phosphaté , résultant probablement de la décomposition du sulfure. L'on y trouve aussi du plomb carbonaté et sulfaté.

Les filons métalliques de cette région sont ceux qui paraissent avoir plus particulièrement attiré l'attention des anciens, et dans ces derniers temps ils ont été encore l'objet d'une concession , c'est surtout aux environs de

Villefranche et de Labastide-l'Evêque que l'on remarque des traces nombreuses et importantes d'anciens
travaux. Les filons de Saint-Jean, de Macarou, de La
Baume, de la Maladrerie, près Villefranche, paraissent
avoir été suivis par puits et galeries à une grande profondeur dans plusieurs gîtes, dont les affleurements se
montrent sur les berges de l'Aveyron et de l'Alzou ; les
travaux partant de la crête des côteaux pénètrent jusqu'au niveau de la vallée, où l'affluence des eaux, dans
des mines dépourvues de moyens suffisants d'épuise-
ment, a dû, selon toute probabilité, arrêter l'exploitation. Les affleurements, qui se montrent à la surface
même du plateau aux environs de La Bastide, aux Serres, à la Pale, Vezis....., ont donné lieu aussi à des
travaux importants consistant en tranchées larges et profondes, dont les déblais entassés et alignés de distance
en distance forment ces chaines de monticules artificiels
connus des mineurs sous le nom de *Sierra Bottini*.

La distribution des gîtes métallifères ne présente rien
de bien régulier : leur gisement ne paraît astreint à aucune loi géologique bien fixe ; du reste l'inspection du
tableau suivant, dont le cadre est le même que celui de
la page 358, fera mieux connaître que tous les détails
que nous pourrions donner à cet égard les conditions
générales de gisement et de composition.

District métallifère de **VILLEFRANCHE.**

| Nᵒˢ D'ORDRE. | DÉSIGNATION des filons et lieux d'observations. | GISEMENT. | | | | MINÉRAUX CONSTITUANTS. | | OBSERVATIONS. |
		ROCHE ENCAISSANTE.	DIRECTION en degrés.	en heures	INCLINAISONS.	GANGUES.	MINERAIS MÉTALLIQUES.	
24	Farayroles	Granite	O.-N.-O.	H.7 1/2	Verticale.	Quartz.	Plomb phosphaté.	
25	Filon des Oubax	Id.	O. 33° N.	H. 8	»	»	Manganèse oxydé.	
26	Testas-Veza	Granite et gneiss	O. 20° N.	H.7 1/2	»	»	Malachite.	
27	Le Périé	Id.	O.-N.O.	H.7 1/2	»	»	»	
28	Les Millets	Gneiss.	E. 40° N.	H. 6	85.N.10.O.	Quartz.	»	
29	Laurière	Porphyre quartzifère	N.-O.	H. 9	»	Quartz et baryte sulfatée, chaux carbonatée.	Galène et péroxyde de manganèse.	
30	La Vergnole	Schistes et gneiss.	N.-O.	H. 9	»	Quartz haché	Blende, plomb phosphaté jaune.	
31	Cantagrel	Schistes et granite.	N.-O.	H. 9	»	Quartz et baryte sulfatée.	Bournonite, galène blende, plomb phosphaté, sulfaté et carbonaté.	
32	Mas del Puech.	Eurites.	Indéterm.	»	»	»	Fer oxydulé et hydraté.	(1)
33	Sauvensa.	Granite.	N.-O.	H. 9	»	Quartz.	»	(2)
34	Borne n° 12	Id.	N.-O.	H. 9	»	Quartz rubané haché.	»	
35	Le Cluzel	Schistes et gneiss.	Indéterminé.	»	»	Quartz.	Galène.	
36	La Fage	Id.	»	»	»	»	»	
37	Vialelles	Granite	»	»	»	Quartz saccharoïde.	Galène argentifère.	
38	Gourniés	Schistes et gneiss.	N.-O.	H. 9	»	Quartz grenu cristalin.	Galène, nickel arsenical.	
39	Les Pesquiés	Schistes micacés	N.-E.	H. 3	70. S.-E.	Quartz saccharoïde grenu	Galène argentifère, cuivre-pyriteux.	
40	Déviation du même	Schistes eurites.	E.-O.	H. 6	»	»	Blende, plomb vert.	
41	Borne n° 8.	Schistes gneiss.	N.-O.	H. 9	75. N.-E.	Quartz saccharoïde.	Plomb vert.	
42	Autre du même lieu.	Id.	»	»	»	Quartz hyalin laiteux.	Pyrite sulfureuse et arsenicale.	
43	Maladrerie	Sch. métamorph.	N. 40° O.	H. 9	»	»	»	
44	Autre du même lieu	Id.	E. 10° N.	H. 6	»	Quartz.	Galène, blende.	
45	Tournant de la Roque.	Id.	N.-O.	H. 9	»	Quartz saccharoïde grenu baryte sulfatée.	Hématite, galène, pyrite cuivreuse, plomb vert.	
46	Peyremorte.	»	»	»	»	Quartz.	Plomb vert.	
47	Macarou	Id.	Indéterminé.	»	»	Quartz baryte sulfatée	Plomb vert, galène.	
48	Combenègre	Sch. mic. grenatifères			»	Nulle	Fer oxydulé.	
49	Saint-Jean (Calvaire).	Schistes et gneiss.	N.-N.-O.	10 1/2	E.-N.-E.	Quartz.	Galène.	
50	Bouseau	Schistes et eurites.	?	»	?	Id.	Galène.	
51	La Baume, près Villefranche	Id.	N.-O.	H. 9	»	Quartz saccharoïde.	Galène, pyrite cuivreuse, bournonite, plomb phosphaté jaune.	
52	Le Cros.	»	?	»	»	Quartz.	Galène.	

№	Nom	Roche	Direction	Inclin.	Pendage	Gangue	Substances métalliques
53	Belmont	Gneiss et eurites.	?		?	Quartz.	Galène, oxyde de manganèse.
54	Bienlaygues						
55	Magnols	Granite eurite	N.-O.	H. 9	Vertical.	Quartz, baryte sulfatée, chaux carbonatée.	Cuivre pyriteux, galène, plomb carbonaté et phosphaté, fer carbonaté, manganèse oxydé.
56	La Treille		?		?	?	Galène, cuivre gris (S).
57	Mas de Bouyssou	Micachiste, porphyre.	N.-O.	H. 9		Q. sacch., baryte carb.	Galène, plomb carbonaté et phosphaté.
58	Campels	Schistes et porphyres.					Fer spathique, manganèse oxydé.
59	Cantelouve	Id.					Fer spathique, manganèse oxydé.
60	Aymerits	Id.					
61	Phalips	Id.				Quartz.	Cuivre pyriteux, fer carbonaté.
62	Gaudiès						Cuivre gris et pyriteux.
63	La Bessière **	Schistes et porphyres.	Indéterminé.			Quartz haché et agatoïde.	Cuivre gris et pyriteux, blende, galène argentifère.
64	Vialardet **	Schistes et eurites.	Id.			Quartz haché et jaspé.	Cuivre gris et pyriteux, blende.
65	La Baume, près de La Bastide **	Schistes micacés.	Id.			Id.	Galène, plomb phosphaté, blende ferrugineuse.
66	Las Serres **	Id.	Id.			Quartz haché.	Pyrite cuivreuse, cuivre carbonaté, galène.
67	Penavayre **	Schistes et eurites.					Galène argentifère.
68	La Palé **	Schistes micacés.	Indéterminé.			Id.	Plomb argentifère et cuivre gris.
69	Réquista			?			
70	Lortal	Granite.				Quartz.	Fer hydraté, galène.
71	Lesterie						
72	Le Caylar						
73	Vèze	Schistes et gneiss.	E.-N.-E.	H. 4 1/2	Vertical.	Q. avec un peu de b. sulf.	Manganèse oxydé.
74	Le Mas						
75	Negrefoil **	Id.	E.-N.-E.	H. 4 1/2			Galène.
76	Vezis **	Schistes micacés.	E. 15o N.	H. 5		Quartz, haché, carié géodique, jaspé.	Galène, pyrite de fer, plomb vert, plomb gomme.
77	Combret						
78	Bescous						
79	Peyrottes **	Granite.				Quartz.	Galène.
80	Mas del sol						
81	Ploussergues	Id.				Id.	Galène.
82	La Grillère						
83	Le Guial						
84	Conte **	Id.				Id.	Galène.
85	La Landelle **	Id.				Id.	Id.
86	Toulonjac	Terrain jurassique.					Id.

(1) Ce gîte paraît former un amas irrégulier en colonne plutôt qu'en filon. — (2) Ce filon paraît être le prolongement de Gourniés et Cantagrel.

Si l'on rapproche les données fournies par le tableau précédent des indications réunies dans la carte géologique du district, pl. IX, fig. 4, l'on voit que la plupart des filons métallifères sont massés dans la bande schisteuse qui forme l'encadrement, ou mieux, pour me servir de l'heureuse expression de M. de Humbold, la *pénombre* du massif granitique. Nous trouvons donc ici un exemple nouveau de cette influence remarquable du granite sur la distribution des gîtes métallifères, et l'on est naturellement porté à voir dans l'éruption de cette roche la cause génératrice de ces gerçures du sol dans lesquelles se seraient condensés plus tard les minérais métalliques. Toutefois, un examen plus attentif des gîtes montre que si l'éruption granitique n'a pas été entièrement étrangère à la formation de quelques-unes de ces gerçures destinées à devenir la matrice des filons, nous devons, pour la plupart du moins, chercher ailleurs que dans le granite la source des émanations métalliques qui les ont fécondées; et tout nous porte à voir, dans les porphyres euritiques si communs dans toute cette contrée, la source de ces émanations.

Ces porphyres, qui passent le plus habituellement à une eurite compacte, sont, si ce n'est toujours, du moins très-fréquemment, albitiques : ils consistent en une pâte feldspathique d'un gris cendré légèrement jaunâtre ou verdâtre, quelquefois d'un rose clair. Cette pâte forme presque toujours l'élément exclusif de la roche qui se présente alors sous forme d'une masse compacte homogène à cassure esquilleuse; mais elle admet quelquefois aussi des cristaux disséminés de feldspath vert, jaune ou rose, opaque, à éclat gras et céroïde. Les grains de quartz y sont excessivement rares; mais l'on y trouve quelques paillettes de mica et parfois aussi des tâches d'une matière verdâtre tendre, onctueuse, qui présente, ainsi que l'a fait remarquer M. Fournet, une certaine analogie avec la serpentine. Du reste, la serpentine elle-même n'est point complètement étrangère à ce district; elle accompagne le fer oxydulé du Mas-del-Puech, près de Sanvensa, et l'on assure qu'il en existe aussi entre Saint-Jean et Combenègre, dans les gorges de l'Aveyron.

Il est donc probable que tous les filons de ce district n'appartiennent pas, ainsi que nous l'avons déjà dit, au système euritique, et que quelques-uns se rattachent aux éruptions serpentineuses : de ce nombre sont, sans doute, les gîtes de fer oxydulé du Mas-del-Puech et de Combenégre, et très-probablement aussi quelques filons cuprifères, tels que ceux de Labaume, Saint-Jean, situés non loin des deux masses serpentineuses déjà citées, et dans lesquels on trouve avec une plus grande abondance des matières cuivreuses la plupart des caractères que nous avons signalés dans les gîtes du système serpentineux. Quoi qu'il en soit de cette distinction, il serait fort difficile d'opérer un triage complet dans les filons entremêlés des deux systèmes, et la difficulté serait d'autant plus grande que l'orientation des filons est à très-peu près la même dans les deux groupes, comme le montre l'inspection de la fig. 4, pl. VIII, dans laquelle nous avons réuni sous la forme la plus propre à faire ressortir leurs rapports toutes les directions observées dans les filons de l'Aveyron.

District métallifère des environs d'Asprières et Peyrusse.

La falaise primitive au pied de laquelle s'arrêtent les formations secondaires du bassin occidental et qui nous a montré déjà, aux environs de Najac, Monteils, Villefranche, un si grand nombre de filons, se poursuit dans la direction déjà signalée N. 24° E. jusqu'aux environs d'Asprières, où on la voit dévier brusquement à l'ouest, vers Lieucamp et Sonnac. De cette déviation résulte vers l'extrémité nord de l'isthme granitique un élargissement considérable du plateau primitif. C'est là que se trouvent principalement concentrés les filons de ce groupe ; la plupart sont placés sur les flancs même de la falaise ou sur les bords du plateau qu'elle supporte dans toute la partie comprise entre Drulhes, Peyrusse, Bouillac, Sonnac et Lieucamp.

Les roches qui constituent le sol dans l'étendue de ce périmètre, sont le granite, le gneiss, passant aux micaschistes, des siénytes et diorites, des porphyres euritiques verts et rouges, enfin un porphyre particulier que nous signalerons tout-à-l'heure ; l'on trouve, en outre, au pied de la falaise les terrains jurassiques et tertiaires.

Tous ces terrains sont plus ou moins métallifères : les minérais en filons se trouvent dans les roches anciennes et éruptives ; les roches stratifiées contiennent quelques minérais en couches.

Parmi les gîtes en filons, il en est quelques-uns qui ont fourni jadis matière à exploitation ; l'on voit encore aux environs de Peyrusse, à La Carcenie, à La Caze, au Minier Haut-et-Bas, à Peyremale, des traces d'anciens travaux dont quelques-uns, si l'on juge par le volume des déblais et la profondeur des excavations, auraient acquis un assez grand développement. Les minérais trouvés dans les déblais sont généralement du plomb vert, de la galène et de la blende : le triage de ces minérais paraît avoir été fait avec le plus grand soin, et les fragments que l'on voit épars sur les vieilles haldes ne sembleraient pas annoncer une grande richesse. Néanmoins, l'étendue des travaux accuse, ainsi que je l'ai dit, non point seulement de simples recherches, mais une véritable exploitation, exploitation qui paraît n'être pas restée infructueuse, car des scories de plomb assez abondantes, trouvées sur deux points, près de Pélissié et de Roque-Corbière, prouvent que le minérai extrait a été l'objet d'un traitement métallurgique.

Les gîtes des environs de Peyrusse, semblables à ceux des environs de La Bastide, ne se font point remarquer par ces dikes saillants qui signalent au loin les filons quartzeux métallifères des districts de Najac, et leurs affleurements, le plus souvent cachés par la terre végétale, ne sont pas toujours faciles à suivre ; aussi serait-il parfois difficile de juger s'ils constituent de vrais filons, si les fouilles pratiquées sur ces affleurements ne permettaient d'en suivre la trace.

GÎTES DE LA CARSENIE. — Le *gîte de La Carsenie*, situé à un demi-kilomètre environ à l'ouest de Peyrusse, n'est pas apparent à la surface du sol, mais si l'on juge par la disposition des anciens travaux qui consistent en excavations nombreuses et profondes, ce gîte devait

constituer un filon dirigé à peu près E. 10° N., car
telle est la direction des excavations sur une longueur
de 75 à 100 mètres.

La roche encaissante est un granite rose à mica vert, à
grains assez fins : à une très-petite distance vers l'ouest,
se montrent les schistes qui forment le revêtement du
plateau granitique. Les gangues trouvées dans les déblais sont le quartz et la baryte sulfatée ; cette dernière
substance abonde surtout et ses débris couvrent le sol
sur une grande étendue. Quant aux minérais métalliques, les seuls que j'ai observés sont : le plomb phosphaté vert, un peu de galène et de la blende.

LACAZE. — POSITION, GISEMENT, MINÉRAI ET GANGUE.
— Le gîte de Lacaze présente la plus grande analogie
avec celui de La Carsenie dont il n'est peut-être que le
prolongement. Comme lui il est enclavé dans le granite
rose à une faible distance de la limite des schistes. Sa
gangue est encore de quartz et de baryte sulfatée ; ses
minérais métalliques sont le plomb vert et la galène :
les vieux travaux d'exploitation ayant été entièrement
comblés et nivelés, la direction du gîte ne peut être
exactement appréciée ; mais il paraît se diriger vers
celui de La Carsenie, situé à 4 ou 500 mètres au plus
vers l'E.-N.-E.

LE MINIER. — En se dirigeant de Lacaze vers Le
Minier-Haut, l'on franchit bientôt la limite du granite
pour entrer dans la zône schisteuse qui forme la falaise
terminale du plateau ; c'est sur le penchant de cette
falaise, à mi-côte, que se trouvent les vieux travaux
du Minier-Haut : l'on voit encore une galerie ouverte
sur une assez grande étendue, dans la direction
O. 12° N.

Le filon, dont la gangue est quartzeuse, est encaissé
dans un gneiss dur et serré, dont les strates sont dirigées N. 20° E. et s'appuient sur les flancs de la masse
granitique. L'on trouve à peine quelques légères traces
de galène dans les déblais, et la rareté de ceux-ci
semble indiquer, d'ailleurs, que l'exploitation n'a pas
reçu sur ce point un grand développement.

PEYREMALE. — TOURNHAC. — Des indices analogues

d'anciennes mines abandonnées se montrent dans une position semblable sur le flanc de la falaise qui domine le bassin tertiaire de Caillaguet, aux environs de Peyremale et de Tournhac ; mais sur ces points de même qu'au Minier-Haut l'exploitation ne paraît pas avoir acquis une très-grande activité ; les minérais sont toujours la galène et le plomb phosphaté associés à la baryte sulfatée et au quartz. Ces gangues forment, d'ailleurs, un grand nombre de filons pierreux stériles sur toute la ligne comprise entre Le Minier-Bas et Tournhac.

FILONS DE QUERBES, LE BREZIER, CABRESPINES. — Des filons de même nature se rencontrent très-fréquemment aux environs d'Asprières, tant sur le plateau que dans les gorges profondes qui l'entourent. La plupart de ces filons sont stériles ; quelques-uns cependant contiennent des traces de minérais métalliques et présentent même dans quelques points une assez grande richesse ; tels sont les filons de Brezier, de Querbes, de Cabrespines. Les deux premiers, situés sur la berge gauche de la vallée du Lot, au Nord et au N.-N.-O. d'Asprières, sont encaissés dans les schistes cristallins ; leur matière métallique est la galène, leur gangue habituelle, le quartz. Des dikes quartzeux puissants, composés de quartz haché, carié, dont l'aspect rappelle certains dikes des districts de Villefranche et de Najac, signale à Brezier et dans quelques autres lieux la présence de ces filons ; leur direction court habituellement entre l'O.-N.-O. et le N.-N.-O. : le filon de Brezier présente cette dernière direction.

Aux environs de Cabrespines, la roche encaissante des gîtes métallifères est une diorite granitoïde ; l'on voit dans ce lieu plusieurs filons ; leur gangue est tantôt de quartz, tantôt de baryte sulfatée ; le minérai est encore de la galène, mêlée quelquefois de plomb phosphaté ; la direction se rapporte également à celle que nous avons signalée tout-à-l'heure. Un dike quartzeux avec plomb vert, qui se montre sur le bord de la route départementale n° 10, un peu au-dessous de Cabrespines, nous a présenté la direction N. 40° O. ; un second filon de baryte sulfatée avec galène à larges facettes,

passant sous les maisons du même hameau, est dirigé
O.-N.-O.

Cette direction est encore celle du filon de baryte sulfatée avec indices de minérai cuprifère que l'on voit
près du moulin de Cavagnac, sur la rive droite de la
Diége.

Grès ferrugineux. — Nous avons signalé déjà la
présence de quelques minérais en couches dans les
terrains stratifiés de cette région. Ces minérais consistent : 1° en grès ferrugineux dépendants de l'infràlias, aux environs de Tensou, de Lieucamp ; 2° en
minérais, en grains subordonnés aux terrains tertiaires moyens. Nous ferons connaître plus tard le gisement de ces minérais et les causes probables qui les
ont produits.

Roches eruptives. — Les roches éruptives sont
abondantes dans ce district comme dans tous les districts métallifères que nous avons précédemment
étudiés.

Ces roches sont des granites, des diorites, des porphyres.

Terrain granitique. — Elément essentiel. — Le
granite, de même nature que les granites roses de La
Bastide, Sanvensa, Lanuéjouls, forme la masse du
plateau d'Asprières et de Peyrusse : il est à grains fins,
structure grenue, cristallisation mal définie; le feldspath
est habituellement rose, le mica vert, bronzé ou noir,
le quartz gris, comparativement peu abondant. Ce
granite, formant l'élément dominant, essentiel des
terrains, contient comme roches subordonnées :

Roches subordonnées. — 1° Du granite porphyroïde
à grands cristaux d'orthose, paraissant former des masses isolées empâtées dans le granite commun ;

2° Une eurite grenue rose micacée, parfois amphibolique, en filons et amas injectés ;

3° De la syénite grenue et amphibolique également
en filons ;

4° Du porphyre gris compacte à pâte de cornéenne.

Ces diverses roches abondent surtout aux environs de Drulhes, de La Roche-Corbières et de Moncies, localités intéressantes par la beauté et la variété des roches amphiboliques et porphyriques, à structure compacte porphyroïde et granitoïde qu'elles présentent.

5° L'on trouve encore dans le terrain granitique des filons de minette aux environs de Cantarrane ; enfin, divers filons métallifères à gangue de quartz et surtout de baryte sulfatée. Les gîtes de La Carsenie, La Caze et Peyremale, sont enclavés dans ce terrain, ils appartiennent à la classe des filons ordinaires ; les métaux contenus sont le zinc, le plomb (peut-être du cuivre et de l'argent).

Diorites. — Les roches amphiboliques jouent un rôle fort important, surtout vers l'extrémité N.-O. de la région qui nous occupe : elles forment presque exclusivement le sol du plateau de Sonnac, compris entre les vallées de La Diége et du Lot. La roche dominante est une diorite granitoïde à grains assez fins, les éléments composants sont l'amphibole et le feldspath : l'on y trouve aussi du mica en proportion, souvent assez considérable, presque toujours noir, et de petits grains hyalins microscopiques de couleur rouge qui paraissent être des grenats.

Les diorites du plateau de Sonnac sont tantôt dures et compactes, tantôt friables et micacées : elles présentent, du reste, les mêmes modifications, les mêmes variations de structure et de solidité que les granites de Sanvensa, de Lunac et de la Bruguière. La roche est habituellement peu dure à la surface et se délite en arène ; des blocs plus solides, tantôt ovoïdes et arrondis, tantôt irrégulièrement découpés par des joints naturels, sont disséminés dans la masse friable, sans ordre, sans cause apparente. L'on remarque assez fréquemment, surtout vers l'extrémité occidentale du plateau, des joints de division bien marqués et parallèles, des zônes de coloration distinctes qui donnent à l'ensemble un aspect rubané et simulant une véritable stratification.

Le grain de la roche est généralement assez fin et égal. Le feldspath est cristallin, blanc ou rosé, semitranslucide , éclatant , strie , dans les roches solides ; blanc laiteux , opaque , tendre et terreux dans les roches friables. L'amphibole présente des variations analogues : noir ou vert foncé, dur, clivable, brillant dans les roches dures, tendre, vert grisâtre, mat et terreux, dans les diorites altérées.

La proportion des deux éléments varie beaucoup , et avec elle les caractères extérieurs de la roche , l'aspect , la couleur, la cohésion. La ténacité semble le plus souvent être proportionnelle à l'abondance de l'amphibole ; celle-ci domine parfois au point de transformer les diorites en une véritable amphibolite : cette transformation est assez commune dans la vallée de La Diége , près du moulin de Cavagnac, de l'Estiflol.

Indépendamment des deux éléments essentiels, feldspath et amphibole , l'on observe dans les diorites quelques autres éléments accessoires ou accidentels. J'ai déjà signalé la présence des grenats; mais il est une autre substance qui se trouve bien plus fréquemment , bien plus régulièrement disséminée dans ce terrain : cette substance , qui paraît être du fer titané , est en petis grains irréguliers polyédriques , attirables à l'aimant. Ces grains sont peu visibles dans la roche ; mais ils se trouvent concentrés par le lavage dans les sables provenant de la désagrégation des diorites , et on les voit , soit dans les fossés qui bordent la route , soit dans les ravins qui silonnent l'extrémité occidentale du plateau de Sonnac , former de petits amas et des traînées de sable magnétique facilement reconnaissable à sa couleur noire et à sa pesanteur.

L'on trouve aussi , près de Paysan , quelques mouches de pyrite cuivreuse disséminées dans la masse des diorites ; mais la présence de ce minérai sur ce point paraît être accidentelle et doit être probablement attribuée à l'influence métamorphique d'un filon de porphyre euritique injecté dans les diorites.

PORPHYRES. — Ce point n'est pas le seul où l'on observe les porphyres : des roches, appartenant à la même formation , se montrent dans diverses localités , notamment à Pomel , à Tensou , aux environs de Drulhes , et partout elles se trouvent en relation plus ou moins directe avec des gîtes métallifères.

Les porphyres de Paysan et de Pomel, de Ferrand, de Mitou, sont compactes verts, gris ou rougeâtres : ils contiennent quelquefois des cristaux opaques de feldspath blanc et très-rarement quelques grains de quartz ; il se trouvent dans les diorites à l'état de filons et d'amas injectés, et la roche encaissante se trouve habituellement très-altérée à leur contact.

La masse porphyrique de Tensou, au bas de la côte qui conduit de Capdenac à Asprières, présente des caractères exceptionnels sur lesquels nous devons arrêter un instant l'attention : ils sont rougeâtres ou violets, à pâte demi-terreuse, rude au toucher, facilement fusible en émail gris ou brun.

Ils contiennent des cristaux verts foncés, à section rhomboïdale, à cassure lamelleuse, très-facilement clivables, qui sont probablement de l'amphibole.

Leur couleur, leur texture, la présence de ces cristaux amphiboliques, leur fusibilité, les rapprochent beaucoup des mélaphyres de Flagnac, tandis qu'ils présentent, d'un autre côté, une très-grande analogie et des rapports évidents de position et d'origine avec les porphyres euritiques dont nous venons de parler et auxquels on les voit passer à Mitou, à Pomel. Ils forment ainsi une sorte de moyen-terme entre les eurites et les mélaphyres.

INFLUENCE MÉTAMORPHIQUE DES PORPHYRES. — ARKÔSE INFRA-LIASIQUE TRANSFORMÉE EN GRÈS FERRUGINEUX. — Cette masse porphyrique se trouve à la limite entre les schistes micacés et les diorites : ses rameaux pénètrent indistinctement dans ces deux formations. Au-dessus repose immédiatement le grès infrà-liasique, représenté dans ce point par un grès ferrugineux identique avec celui que l'on exploite à Las Fargues, près Lunel. L'influence métamorphique du porphyre sur le grès est ici de toute évidence : le grès est soulevé et s'appuie sous un angle assez vif sur la masse éruptive ; l'imbibition ferrugineuse a pénétré jusqu'à une assez grande distance du centre d'émanation ; mais à mesure que l'on s'éloigne, la richesse métallique de la roche diminue et l'on passe par degrés presque insensibles à une arkôse à ciment de quartz vitreux. Les grès ferrugineux qui, aux environs de Lieucamp, occupent une assez grande étendue, n'ont probablement pas d'autre origine que ceux de Tensou ; mais nulle part ailleurs que dans cette localité, je n'ai vu leur liaison avec les porphyres présenter le même degré de netteté et d'évidence.

Résumant au point de vue spécial de ce mémoire les faits relatifs à la production des gîtes métallifères et des produits connexes que nous a offert le district d'Asprières, nous serons conduits aux conclusions suivantes :

Les nombreux filons métalliques observés dans ce district, appartiennent tous à la classe désignée par M. E. de Beaumont ; sous le nom de filons ordinaires.

Leur direction la plus habituelle est la même que nous avons déjà signalée dans les filons des districts précédents comme le montre le tableau ci-joint (page 98).

La matière composante de ces gîtes est encore la même. La galène et le plomb phosphaté vert, sont les minérais dominants ; mais l'on y trouve aussi du cuivre carbonaté, du cuivre pyriteux, de la pyrite cuivreuse, de la blende. Les gangues les plus communes sont le quartz et la baryte sulfatée : cette dernière est plus abondante que dans la plupart des autres districts.

Les roches éruptives, en connexion plus ou moins directe avec ces filons, sont le granite, les diorites, les porphyres feldspatiques et plus rarement amphiboliques.

Parmi ces roches, le granite seul appartient à la classe des roches acidifères ; encore la variété qui constitue la roche encaissante des filons de La Carsenie, La Caze, est-elle très-pauvre en grains de quartz et se rapporte par sa composition aux granites leptinitiques, moins anciens et moins acides que les granites communs, dans lesquels ils forment, ainsi que nous l'avons déjà vu aux environs de La Bastide, Mauron, Lavergnole, des filons et des amas éruptifs.

Les diorites du plateau de Sonnac, quoique présentant par leur état cristallin très-développé un caractère commun avec les roches acidifères, doivent cependant être nécessairement classées parmi les roches basiques,

L'absence des grains de quartz , la nature du feldspath , que les stries signalées dans les cristaux font rapporter aux feldspaths du sixième système ; enfin la présence du fer oxydulé titanifère, preuve évidente de l'insuffisance de la silice pour la saturation complète des bases. Tels sont les faits qui démontrent la nature basique des diorites.

Quant aux porphyres, leur classement ne saurait être douteux : cette roche est encore ici, comme dans la plupart des autres districts , celle dont les rapports avec les gîtes métallifères sont les plus intimes et les plus évidents ; les filons abondent presque toujours dans son voisinage et paraissent même souvent avoir pour point de départ les centres d'éruptions porphyriques. Les grès ferrugineux de Tensou , les diorites de Paysan imprégnées de pyrite cuivreuse au contact des porphyres , nous fournissent à la fois l'exemple et la preuve de l'influence que l'éruption de ces roches a pu exercer sur la production des minérais métalliques par voie de métamorphisme.

Ainsi se trouvent encore confirmées , du moins dans tout ce qu'elles ont d'essentiel , les conclusions auxquelles nous avait conduit l'étude des autres groupes métallifères, à savoir : la corrélation des gîtes métalliques avec les roches éruptives et plus particulièrement avec les roches trapéennes ou basiques. Quant à leurs rapports avec les terrains sédimentaires , l'on ne saurait les établir avec précision.

La plupart des filons se trouvent encaissés dans les roches massives ou dans les schistes cristallins : l'on peut , néanmoins , citer un petit nombre de faits tendant à prouver que la production des gîtes métallifères a eu lieu, *en partie* du moins, à une époque géologique assez moderne. Ainsi les arkôses ferrugineuses de Tensou , les grès infrà-liasiques imprégnés de cuivre carbonaté , aux Gaillots ; la calamine de l'Aiguille, près Figeac , subordonnée au calcaire liasique (1), prouvent

---

(1) Ces deux derniers gîtes sont situés hors des limites du département, mais à une petite distance de ces limites et du district métallifère qui nous occupe.

que les phénomènes producteurs des minérais métalliques ont encore ici, comme nous l'avons déjà vu dans les districts de Najac et de Villefranche, comme nous le verrons plus tard dans le district de Creissels, porté leurs produits jusqu'à la hauteur des terrains jurassiques.

Nous avons dit précédemment que l'on trouvait dans les terrains tertiaires du bassin de Caillaguet, notamment aux environs de Pomel, du minérai en grains ; mais ce minérai nous paraît être le résultat du remaniement des couches d'oolite ferrugineuse, situées à la hauteur de l'*oxford-clay* et sur les affleurements desquelles le terrain tertiaire repose dans ce point. Nous ne saurions donc rien conclure de la présence de ce minérai relativement à l'époque d'émission des vapeurs ferrugineuses dont ils nous offrent les produits deux fois remaniés par les eaux.

Influence de l'éruption des roches plutoniques sur la production des minérais métalliques, soit en filons, soit en couches ;

Analogie des filons de ce district avec ceux des districts précédents et plus particulièrement avec les gîtes des environs de La Bastide-l'Evêque ;

Emission de vapeurs métallifères prolongée jusqu'au-delà de la période jurassique,

Tels sont, en résumé, au point de vue multiple du gisement, de l'allure, de la composition et de l'âge, les faits saillants qui ressortent de l'étude de ce district.

District métallifère des environs d'ASPRIÈRES.

N° d'ordre.	DÉSIGNATION DES FILONS et lieux d'observation.	Roches encaissantes.	GISEMENT DIRECTION en degrés.	en heures.	Inclinaison.	MINÉRAUX CONSTITUANTS. Gangues.	minérais métalliques.	OBSERVATIONS.
87	La Carsenie. . . . "	Granite. . .	E. 10° N.	»	»	Baryte sulfatée, quartz.	Galène, plomb vert, blende.	
88	Lacaze . . . . . . "	Granite. . .	»	»	»	Id.	Galène, plomb vert.	
89	Le Minier. . . . . "	Gneiss et sch. micacés.	O 12° N.	H. 7.	»	Quartz	Galène.	
90	Peyremale. . . . . "	Granite . . .	»	»	»	Id.	Galène, plomb vert.	
91	Tournhac. . . . . "	Id.	»	»	»	Id.	Id.	
92	Querbes.	Schistes micacés.	»	»	»	Id.	Galène.	
93	Brésiés..	Id.	»	»	»	Id.	Id.	
94	Cabrespines, N° 1. .	Diorite . . .	O.-N.-O.	H. 7 1/2.	80° S.-S.-O.	Id.	Plomb phosphaté et galène.	
95	Cabrespines , N° 2. .	Id.	»	H. 7 1/2.	80 S.-S.-O	Id.	Galène et plomb vert.	
96	Autre filon du même lieu.	Id.	N.-O.	H. 7 1/2.	»	Baryte sulfatée.	Galène.	
97	Paysan	Id.	»	»	»	»	»	
98	Moulin de Cavagnac.	Diorite schisteux	O.-N.-O.	H. 7 1/2.	»	Baryte sulfatée.	»	

District métallifère des bords du Tarn.

L'on trouve dans la vallée du Tarn et sur les plateaux qui la dominent, en aval de Millau, un assez grand nombre de filons métalliques. Ces filons peuvent se diviser en deux groupes principaux, correspondant aux concessions de Creissels et du Minier du Tarn. Un troisième groupe, compris dans les communes de Broquiès, Brousse, est actuellement l'objet d'une demande en concession.

GROUPE MÉTALLIFÈRE DE CREISSELS. — I. Le groupe de Creissels comprend un petit nombre de filons parfaitement réglés, encaissés dans le lias. Le filon le plus méridional, sur lequel ont été surtout dirigés les travaux de recherches, commence à se montrer à une très-petite distance à l'ouest de Millau, près de Calès, et se maintient vers le fond de la vallée du Tarn jusqu'à Babouning, où, déviant tout-à-coup au Nord, il semble se rattacher à un second filon qui se dirige, par Soulobres et les Fons, vers la butte basaltique d'Azinières. On peut la suivre presque sans discontinuité sur une longueur de deux à trois kilomètres. Des fouilles ont été ouvertes sur plusieurs points de son affleurement, à Calès, près Creissels ; à Limazette, à la Foncée-Bernard, à Babouning. Les fouilles de la Foncée-Bernard et de Babouning, ouvertes sur les points de plus bas niveau, sont celles qui ont donné les plus beaux résultats.

La direction du filon, sans être parfaitement constante, ne présente cependant que de légères déviations : la direction générale est à peu près O. 22° à 25° N. Voici du reste les directions partielles observées dans les divers points d'attaque :

	Direction.	Inclinaison.
Calès	N. 60 O.	
Limazette	N. 60 O.	75° vers le S. 30° O.
Foncée-Bernard	N. 70 O.	80° vers le S. 20° O.
Babouning	N. 60 O.	75° vers le S. 30° O.

RECHERCHES DE LIMAZETTE. — A Limazette, le gîte a été exploré par un puits peu profond et une galerie horizontale, aboutissant au fond du puits et percée comme lui dans l'épaisseur même du filon. La puissance de celui-ci est d'environ un mètre ; il est encaissé dans une roche calcaire dolomitique de couleur jaunâtre, dont les couches se relèvent de part et d'autre au voisinage du filon.

La baryte sulfatée forme la gangue dominante ; mais elle est associée à une petite quantité de quartz. Les minérais métalliques inclus sont : la galène, le plomb phosphaté, un peu de plomb carbonaté, la blende et quelques mouches de pyrite cuivreuse fort rares.

FONCÉE-BERNARD. — A la Foncée-Bernard, l'on a attaqué le filon par une large tranchée qui a été poussée jusqu'à une profondeur de 45 mètres. L'épaisseur, qui n'était à l'affleurement que de 0^m 50 environ, a atteint, vers le milieu de la tranchée, le chiffre de 1^m 50 ; mais le gîte s'est bientôt étranglé de nouveau ; la baryte sulfatée est encore ici la gangue dominante ; le quartz qui l'accompagne, rare d'abord, augmente dans la profondeur et finit par devenir prédominant dans quelques points. L'on trouve ici à peu près les mêmes minérais métalliques qu'à Limazette ; mais les minérais cuprifères y sont proportionnellement moins rares. Les espèces recueillies dans les déblais sont : le cuivre carbonaté, le cuivre hydraté-silicaté, la pyrite cuivreuse, la sulfure de cuivre, le plomb carbonaté, le plomb phosphaté, la galène et un peu de blende. Le terrain encaissant est toujours le lias, présentant des traces évidentes de dislocation.

BABOUNING. — Les travaux de recherches entrepris à Babouning consistent en deux galeries qui ont fait reconnaître dans l'allure du gîte des circonstances presque identiques avec celles que nous avons déjà signalées. A une gangue de baryte sulfatée, mélangée d'un peu de quartz, se trouvent subordonnés, en proportion malheureusement fort minime, des minérais métalliques consistant en cuivre carbonaté, cuivre oxydé rouge (rare), pyrite cuivreuse et des traces de galène. Le gîte est encaissé dans une dolomie liasique, dont les débris empâtés et imprégnés par la matière des filons présentent une sorte de brèche mouchetée de cuivre carbonaté vert et bleu.

Au-delà de Babouning, le filon, déviant brusquement

vers le Nord, traverse le Tarn; on le voit quelque temps
encore ramper sur la berge droite de la vallée , où il ne
paraît plus former qu'une masse presque stérile, qui va
toujours s'appauvrissant jusqu'à ce qu'elle se perde enfin entièrement sur les collines comprises entre le Tarn
et le ruisseau des Lavadous.

Filon de Galès. — A une petite distance au Nord du
point où le filon de Babouning cesse d'être apparent ,
commencent à se montrer les affleurements d'un autre
filon qui a été également l'objet de travaux assez importants. Ce filon , dont la crête se montre à nu sur une
longueur de plus de trois kilomètres , a été décrit par
M. Fournet sous le nom de filon de Galès. Il est encaissé
comme le précédent dans le calcaire du lias. Sa direction
est N. 30° O. Son inclinaison de 75° vers l'O. 30° S. Les
travaux modernes les plus considérables ont été concentrés dans la colline qui forme la berge droite du ravin
des Lavadous , près de Soulobres (Pl. IX, fig. 2). Ils
consistent en plusieurs galeries de direction , posées à
divers niveaux sur les flancs de la colline, et dont quelques-unes sont reliées intérieurement par des puits ou
cheminées qui mettent en communication les divers étages. Ces travaux encore assez bien conservés à l'époque
où je les ai visités (juillet 1850) fournissent une grande
facilité pour l'étude du gisement. Les faits les plus saillants fournis par cette étude , sont :

1° Pour ce qui concerne la roche encaissante , la do-
lomisation du calcaire au voisinage immédiat du filon et
le rejet des couches , très-sensible surtout à la hauteur
de la deuxième galerie , où l'on voit le toit du filon formé
de calcaire , tandis que le mur est formé de grès infra-
liasique.

2° La gangue est de baryte sulfatée et de quartz. Cette
dernière domine généralement surtout dans les étages
inférieurs , où elle devient souvent exclusive.

3° Le minérai métallique consiste principalement en
galène associée avec de la blende ; l'on y remarque
aussi, mais seulement dans les galeries de plus bas niveau, quelques mouches de pyrite cuivreuse. Le minérai
se trouve disséminé dans la gangue , tantôt en grains
plus ou moins gros , plus ou moins cristallins , tantôt en
parcelles imperceptibles , dont la gangue est totalement

imprégnée. La disposition de la galène et de la blende en couches concentriques ou en rosettes (ringertz) est assez fréquente dans les galeries inférieures. Quant à la distribution générale du minérai dans le filon , on a remarqué que les parties riches se trouvaient généralement aux divers étages dans un même plan vertical , de sorte qu'elles seraient disposées en colonnes, dont la richesse semble d'ailleurs augmenter dans la profondeur.

FILON DES FONS. — Les travaux du ravin de Lavadous sont situés vers l'extrémité sud du filon de Galès. En partant de ce point et se dirigeant vers le N. N.-O., l'on retrouve à de courts intervalles des traces nombreuses du même filon et des indices des vieux travaux d'exploitation , dont quelques-uns semblent avoir acquis un assez grand développement. A son extrémité Nord, près du Mas-Nau, ce même filon en coupe un troisième (le filon des Fons), qui présente des conditions de gisement analogues à celles que nous avons fait déjà connaître.

La roche encaissante est toujours le calcaire du lias.

Le minérai dominant est la galène : la gangue est tantôt barytique , tantôt quartzeuse , tantôt enfin composée de brèches calcaires , formées des détrites de la roche encaissante. La richesse métallique de filon paraît être le plus souvent en rapport avec la nature de la gangue , les parties quartzeuses sont généralement les plus riches : l'abondance de la baryte semble être au contraire, comme dans les autres filons du même groupe , un indice de stérilité. L'on trouve néanmoins quelques parties barytiques assez productives et près de la source des Fons , notamment vers le chevet du ravin des Lavadous , dans un point où la gangue est presque exclusivement composée de baryte, l'on voit une veine massive de plomb carbonaté noir épaisse de 0^m 10.

La direction générale des affleurements que jalonnent sur une longueur de 2 kilomètres 1/2 une série d'excavation peu profondes , indices d'anciens travaux, est du N. 50° O. au S. 50° E. : cette direction est à peu près la même que celle du filon de Babouning et Limazette. Ce n'est point , du reste , le seul caractère commun à ces deux gîtes ; ils présentent , en effet , une analogie frappante dans toutes les circonstances principales de leur gisement : dans la nature des gangues et des minérais métalliques ; dans la distribution des divers éléments composants. Sous ce dernier rapport, cependant, l'analogie est peut-être plus marquée encore avec le filon de Galès qu'avec celui de Limazette, et cette analogie est telle que l'on pourrait avec grande probabilité considérer le filon des Fons comme une dérivation du filon de Galès. Une circonstance qui semble, d'ailleurs, donner une grande force à cette hypothèse, c'est qu'à partir de leur point de rencontre les deux filons se confondent et courent encore à une petite distance dans la direction première du filon de Galès (N. 30° O.).

Groupe métallifère du Minier. — II. A 20 kilomètres environ à l'ouest du groupe de filons que nous venons de décrire dans la vallée de l'Amalou, l'un des principaux affluents de la rive droite du Tarn, on voit, près d'un village dont le nom seul révèle l'origine, un second groupe non moins remarquable, quoiqu'il offre peut-être moins de régularité et de simplicité dans son ensemble. Le village du Minier occupe à peu près le centre du groupe, situé au confluent de l'Amalou et du ruisseau de Douzilienque ; le village est dominé à l'est par une colline haute et escarpée dont les flancs présentent successivement les formations du trias, du grès infrà-liasique et du lias calcaire. A l'ouest, l'on voit s'échelonner une série de collines plus hautes encore, mais moins abruptes, presque exclusivement formées de grès bigarré et d'infrà-lias. (pl. IX, fig. 2).

Tous les filons que j'ai eu l'occasion d'observer, sont encaissés dans le grès bigarré qui forme la base des collines. Ce grès occupe tout le fond de la vallée de l'Amalou, depuis le Minier jusqu'au Tarn, laissant voir, dans deux points seulement, au fonds du ravin de Douzilienque, près du Minier, et au Moulinet, les roches sousjacentes, principalement composées, dans cette localité, d'amphibolites, de schistes dioritiques et de gneiss amphibolique.

Les filons du Minier, plus nombreux, plus condensés que ceux de Creissels, sont, par compensation, moins bien réglés, moins développés ; les affleurements, le plus souvent cachés par les éboulis des collines, ne se montrent guère à découvert que dans le lit des ravins, sur de très-petites étendues, et les fréquentes variations qu'ils présentent dans leur allure rendent très-difficile la détermination des rapports qui existent entre les affleurements partiels. Tous ces affleurements se trouvent, ainsi que je viens de le dire, dans le trias : la roche encaissante est généralement composée de grès fissurés, traversés de nombreux filets de quartz et endurcis par des infiltrations siliceuses. Ces infiltrations, les fissures innombrables qui découpent la roche dans tous les sens, témoignent de la violence et de la proximité des foyers éruptifs auxquels se rattachent, selon toute apparence, les gîtes métallifères du Minier, et dont les amphibolites du Moulinet, de Puech, Cazals et de Mazégan, sont probablement le produit immédiat. Ces conditions de gisement, si différentes de ce que nous avons observé dans les filons du groupe de Creisseils, forment le caractère distinctif le plus saillant entre les deux groupes ; mais cette dictinction est loin d'être la seule, et il existe des différences non moins marquées dans la nature des gangues et des minérais, dans leurs proportions relatives, dans leur mode d'association comme le montrera un examen rapide de affleurements observés.

FILON DE PERSIGNAC. — Ce filon est encaissé dans les schistes du trias, un peu à l'est du Minier, au fond du ravin dont il porte le nom : l'affleurement présente des indices de galène à fines facettes et de plomb vert, associés à une gangue presque exclusivement barytique et accompagnés d'un chapeau de fer. Une galerie, percée dans le filon, a fait reconnaître que la baryte disparaît bientôt dans la profondeur pour faire place à une gangue de quartz dans laquelle on trouve de la galène et de la blende, irrégulièrement disséminées.

La roche encaissante, fissurée et imprégnée de quartz sur une grande épaisseur, présente une foule de petites veinules ramifiées et anastomosées qui émanent de la masse principale. La direction du filon est N. 20° O.

FILON DE DOUZILIENQUES. — Après avoir traversé un

peu obliquement le ravin de Persignac, il pénètre dans les flancs d'une petite colline sur le revers opposé de laquelle se montre, dans le ravin de Douzilienque, un second affleurement, qui a été jadis l'objet de quelques travaux de recherche. Ce filon, dont la puissance est de 1 mètre environ, contient de la galène, du plomb phosphaté, de la blende et une petite quantité de bournonite dans une gangue de quartz. La baryte sulfatée y est fort rare et ne se trouve que dans les salzbandes. La roche encaissante est encore un grès schisteux triasique : la direction court de l'O.-N.-O à l'E.-S.-E. ; le plongement a lieu vers le S.-S.-O sous un angle de 75°.

Les deux affleurements de Persignac et de Douzilienque sont situés sur la rive gauche de l'Amalon, dont la direction coupe la leur, un peu en amont du Minier : l'on doit donc s'attendre à retrouver des affleurements sur la berge droite en remontant le cours de l'Amalou : et telle est, en effet, la position des gîtes observés dans les ravins de Saleignes, de Pradal, près du moulin d'Arbus, au moulin de Deux-Aigues ou d'Orzals. Il ne serait donc pas improbable que ces derniers gîtes ne se rattachent d'une manière plus ou moins directe à ceux de la rive gauche, avec lesquels ils ont, d'ailleurs, une grande analogie ; mais nous ne pouvons cependant affirmer qu'il en soit ainsi ; les variations d'allure que nous avons déjà signalées et les éboulis qui le plus souvent masquent les affleurements ne permettant pas d'en constater la continuité et d'en bien saisir la liaison ; un plan détaillé des lieux indiquant la position précise et la direction des tronçons observés pourrait seul permettre de bien saisir l'ensemble et d'apprécier leurs relations.

Filon de Saleignes. — La direction du filon de Saleignes s'écarte de celles que nous avons précédemment observées dans les filons de ce district ; l'affleurement qui se montre à découvert sur une assez grande longueur, dans le lit même du ravin de Saleignes, est orienté du N. 80° E. au S. 80° O. : sa puissance est de 0 m. 40 c. à 0 m. 60 c. La gangue, presque exclusivement quartzeuze, ne contient que très-peu de baryte sulfatée ; le minérai consistant en galène paraît peu abondant ; l'on voit, néanmoins, des traces d'anciens travaux qui, du reste, ne paraissent pas avoir été poussés bien avant.

FILON DU MOULIN D'ARBUS. — Un peu plus loin, près du moulin d'Arbus, on voit un autre affleurement de filon quartzeux dans lequel se trouvent irrégulièrement disséminés de la galène à grains fins, de la blende et de la pyrite cuivreuse ; la direction du filon est N.-O. ; il est comme les précédents compris dans le trias.

ANCIENS TRAVAUX D'ORZALS. — C'est près du ravin d'Orzals que paraissent avoir été principalement concentrés les travaux des anciens : des excavations entourées d'amas fort considérables de déblais témoignent encore de l'importance des travaux dirigés sur ce gîte.

Le filon n'est point apparent à la surface ; il n'est, par conséquent, pas possible de déterminer sa direction ni sa puissance ; quant à sa composition, si l'on en juge par la nature des déblais, le quartz formerait la masse dominante ; il est associé à une petite quantité de baryte sulfatée et contient de la galène, du cuivre carbonaté, du cuivre pyriteux et de la bournonite.

Indépendamment des filons que nous venons de passer en revue, une observation attentive fait reconnaître dans plusieurs endroits des veinules métallifères, peu apparentes, à cause de l'absence presque complète des gangues, mais dans lesquelles la matière métallique se trouve quelquefois condensée avec une certaine abondance. L'on peut en observer des exemples dans l'intérieur même du village du Minier ; ainsi, une fissure du grès, située près de l'église et dirigée vers l'O. 10° N., m'a présenté des veinules compactes de galène et de cuivre gris complètement exempts de gangue.

Une autre fissure, située également dans le village, mais sur l'autre rive de l'Amalou, a fourni des veinules de galène dirigées O.-S.-O. Ces minces filets métalliques, dont la direction et l'allure n'ont rien de constant, se rattachent selon toute apparence aux filons principaux dont ils sont généralement peu éloignés.

S'ils n'ont pas par eux-même une grande importance
à cause de leur peu d'épaisseur, ils ne méritent cependant pas moins d'attirer l'attention , comme indices de
l'énergie avec laquelle les émanations métalliques, fournies par des foyers sans doute très-voisins , cherchaient
à se faire jour à travers les moindres interstices du
terrain.

Quand on compare entre eux les filons des environs de
Creissels et ceux du Minier, l'on ne peut s'empêcher de
remarquer des différences assez notables dans leur allure
et leur composition. Les filons de Creissels présentent
une régularité frappante ; leur crête , souvent à découvert, permet de les suivre presque sans discontinuité
sur une longueur de 2 à 4 kilomètres ; leur direction ,
quoique un peu sinueuse , ne s'écarte guère cependant
de la direction moyenne ; qui est à peu près O.-N.-O.
pour les filons de Limazette et des Fons , N.-N.-O, pour
le filon de Galès. L'on a d'ailleurs reconnu , partout où
des fouilles de quelque importance ont permis d'apprécier leur allure et leur puissance , que le caractère saillant de ces filons est une grande uniformité dans les
conditions de gisement ; ils se présentent , en un mot ,
sous forme de longues fissures remarquables pour leur
étendue et leur régularité. Les gangues dominantes sont
la baryte sulfatée près des affleurements, le quartz dans
la profondeur. Quant aux minérais métalliques , les
plus abondants sont la galène et la blende ; les sulfures
de cuivre, beaucoup plus rares , ne se trouvent avec
quelque abondance que dans la partie ouest du filon de
Limazette.

Dans le groupe du Minier, au contraire , les filons ne
se présentent que par tronçons détachés , et ces tronçons , qu'il serait difficile de coordonner les uns aux autres , montrent dans des étendues fort restreintes de
fréquentes variations d'allure ; quelques gîtes semblent
même , comme celui d'Orzals par exemple , former plutôt un amas qu'un filon : la baryte sulfatée , si abondante dans les filons de Creissels , ne se trouve plus ici
qu'exceptionnellement et en petite quantité. Le quartz ,
toujours dominant dans les gangues , forme exclusivement la masse de la plupart des filons. Quant à la matière minérale métallique , bien que la galène soit en-

core le minérai dominant, les minérais cuprifères sont infiniment moins rares que dans le groupe de Creissels. Il n'est, en effet, presque aucun filon exploré dans lequel je n'aie trouvé de la pyrite cuivreuse, du cuivre gris, de la bournonite et du cuivre carbonaté, en proportion souvent assez considérable.

Il y a donc, ainsi que je l'ai dit, entre les groupes des deux gîtes, des différences très-marquées, tant dans les conditions de gisement que dans la composition. Néanmoins, malgré ces dissemblances, si l'on remarque, d'une part, que quelques affleurements partiels situés entre les deux groupes et sur leur prolongement, comme aux environs de Peyre, des Douzes, de Concoules, semblent établir entre eux une sorte de trait d'union; en second lieu, que les directions observées dans les filons des deux groupes peuvent se rapporter presque toutes à une direction moyenne commune; enfin que leurs éléments composants sont les mêmes, bien que leur proportion relative varie beaucoup de l'un à l'autre, on sera naturellement porté à conclure que les deux groupes sont probablement connexes, que leur origine doit être rapportée à une même cause, et que les différences de détail observées entre eux ne tiennent peut-être qu'à un éloignement plus ou moins grand du foyer éruptif. On conçoit en effet que, dans le voisinage des points d'éruption, les émanations minérales cherchant une issue dans les interstices de la roche recouvrante, brisée et fendillée en tout sens, ont dû produire des gîtes irréguliers comme ceux du Minier, des filons peu étendus, d'allure et de directions variables, passant parfois à de véritables amas, et auxquels se rattachent des réseaux de veinules ramifiées et anastomosées. A une plus grande distance, au contraire, le soulèvement en masse des roches encaissantes a dû produire des fissures moins multipliées, mais plus étendues, plus régulières, dont le remplissage a donné naissance à des filons bien réglés comme ceux de Creissels.

Si l'on admettait cette hypothèse, on serait conduit, en rapprochant les faits relatifs à la distribution des gangues et des minérais, on serait, dis-je, conduit à admettre aussi, comme lois générales de cette distribution dans le district qui nous occupe :

1° Que les minérais cuprifères se sont principalement condensés dans les gîtes ou les parties de gîtes les plus voisines du foyer, tandis que les minérais de plomb et de zinc occupent les parties les plus éloignées ;

2° Qu'une séparation analogue a eu lieu pour les gangues , le quartz occupant généralement les parties des filons les plus rapprochées du foyer, tandis que la baryte sulfatée abonde surtout vers les affleurements ;

3° Enfin , comme dernière conséquence , confirmée d'ailleurs par les faits que nous avons cités , l'on conclurait que , dans ce district , la richesse des filons en matière métallique est en raison inverse de la richesse en baryte sulfatée.

Il semblerait donc , bien que le départ des éléments minéraux constituants n'ait pas eu lieu d'une manière absolue et complète , que ces minéraux se sont déposés dans l'ordre suivant : pour les gangues , quartz, baryte sulfatée ; pour les minérais métalliques, minérais cuprifères, blende, galène et plomb vert. La coupe transversale du filon de Douzilienque , le seul dont le rubanement soit bien déterminé, donne un nouvel appui à cette opinion ; les dépôts métalliques se présentent en effet dans ce filon dans l'ordre ci-après , en allant des parois vers le centre :

1. Sulfures cuprifères ,
2. Blende et galène ,
3. Galène et plomb vert.

District métallifère du MINIER et de CREISSELS.

N°s D'ORDRE.	DÉSIGNATION DES FILONS ET LIEUX D'OBSERVATION.	GISEMENT.				MINÉRAUX CONSTITUANTS.		OBSERVATIONS.
		ROCHE ENCAISSANTE.	DIRECTION en degrés.	en heures	INCLINAISON.	GANGUES.	MINÉRAIS.	
99	Filon de Limazette	Calcaire du lias	N. 60° O.	8	75° O. 60 S.	Baryte sulfatée et quartz.	Pyrite cuivreuse, galène, plomb phosphaté, blende.	(1)
100	Filon du puits Bernard.	Id.	N. 70° O.	7	80° S. 20 O.	Id.	Cuivre hydrosilicaté, pyrite cuivreuse, sulfure de cuivre, galène. Plomb phosphaté, plomb carbonaté, blende.	
101	Babouning	Id.	N. 60° O.	8	75° S. 20 O.	Baryte sulfatée, quartz et chaux carbonatée.	Cuivre carbonaté, cuivre oxydé, rouge, pyrite cuivreuse, galène.	
102	Ensemble du filon de Galès, à Babouning.	Id.	Id.	8	75°	Id.	.	
103	Soulobres. Ravin de Lavadous	Calcaire et grès liasique.	N. 50° O.	10	75° O 50 S.	Quartz et baryte sulfatée.	Galène, blende.	
104	Galès	.	N. 45° O.	.	.	.	Pyrite cuivreuse.	
105	Les Fous	Calcaire du lias	N. 50° O.	8 1/2	.	.	Galène argentifère, plomb carbonaté noir, blende.	
106	Ravin du Douzilienque	Trias.	O.-N.-O.	7 1/2	77° S.-S.-O	Quartz avec baryte sulfat.	Blende et galène, plomb vert et hournoïte.	(2)
107	Le Minier, derrière l'église.	Id.	N. 80° O.	6 1/2	.	Quartz	Galène et cuivre gris.	
108	Filon d'Orzals	Id.	N. 30° O.	10	.	Quartz et bar. sulf. rare.	Galène.	
109	Filon du Pradal.	Id.	N. 65° O.	8	.	Quartz et baryte sulfatée.	Blende et galène.	
110	Filon de Persignac.	Id.	N. 20° O.	10 1/2	.	Id.	Galène, plomb phosphaté vert, blende.	

(1) Les filons désignés sous les numéros 1 à 7 inclus sont compris dans la concession des mines de cuivre et plomb argentifère de Creissels, appartenant à MM. de Longuiers et le Marchand-de-Marans, en vertu d'une ordonnance du 28 décembre 1840. Cette concession s'étend sur les communes de Creissels, Saint-Georges, Compregnac, Castelnau, Pégayrolles et Millau.

(2) Les gîtes compris sous les numéros 8 à 12 sont situés dans la concession des mines de cuivre et plomb argentifère du Minier, accordée aux mêmes par ordonnance du même jour, et s'étendant sur le territoire des communes de Saint-Rome-de-Tarn, Le Viala-du-Tarn et Montjaux.

District métallifère de Corbières et Mélagues.

Une partie des filons compris dans ce district a donné lieu à une concession obtenue, en 1837, par MM. Achille Durand et Cᵉ de Montpellier. Un groupe assez considérable de gîtes analogues, se rattachant au même district, s'étend dans la partie N.-N.-O du département de l'Hérault, où ils ont été l'objet de plusieurs autres concessions situées dans les communes d'Avesne, Lunas. . . . L'on trouve enfin, en dehors des limites de ces diverses concessions, plusieurs filons épars, dont quelques-uns ont été jadis ou sont même actuellement encore l'objet de recherches.

ASPECT GÉNÉRAL. — CONSTITUTION GÉOLOGIQUE. — La région qui comprend ce groupe métallique est montueuse, fortement accidentée ; elle occupe l'extrémité S. du département de l'Aveyron et la partie N.-N.-O. du département de l'Hérault. Les roches qui la composent appartiennent aux terrains de transition.

Les éléments dominants sont : 1° les schistes argilotalceux et micacés ; 2° le calcaire souvent à l'état marmoréen. Nous citerons, en outre, comme faisant partie intégrante du terrain les gneiss des environs de Riats et de Montahut et quelques assises rares et peu épaisses de grawacke.

Les éléments accessoires, accidentels ou subordonnés, sont : le granite porphyroïde, le porphyre quartzifère, le porphyre euritique, de nombreux filons de quartz et de baryte sulfatée souvent métallifères, le basalte.

Tous les produits dépendant de l'éruption des roches plutoniques, les filons pierreux et métalliques, les roches métamorphiques, les sources minérales abondent non-seulement dans toute l'étendue du terrain de transition, mais encore dans les terrains contigus, surtout dans le trias et la formation gypseuse qui s'appuient au Nord sur les flancs du massif ancien.

CONSTITUTION GÉOLOGIQUE.—Pour compléter cet aperçu rapide, il nous reste à examiner le rôle qui appartient à chacun des éléments que nous venons d'énumérer. Je passerai rapidement sur les éléments essentiels ou dominants du terrain, pour m'arrêter avec plus de détail sur les produits accidentels ou accessoires auxquels appartient dans la question qui nous occupe le rôle principal.

Éléments essentiels. — Les éléments dominants du terrain de transition, *les roches schisteuses et calcaires*, sont disposées, comme dans le massif de l'Ardenne et dans le Dillemburg, en longues bandes parallèles et continues. Ces bandes, quoique assez régulières dans leur allure, présentent cependant quelques variations. Elles ne sont point parfaitement rectilignes, mais un peu infléchies, tournant leur convexité vers le N.-O. Leur largeur n'est pas constante, et l'on remarque dans plusieurs, vers leur extrémité N.-E., un rétrécissement très-considérable.

Allure générale des couches. — La direction générale des couches est, en général, parallèle à celle des bandes, et comme l'on doit bien s'y attendre d'après la courbure de celles-ci, cette direction n'a rien de bien constant : elle varie de l'Est 10° à 15° Nord au N.-N.-E. Néanmoins, l'orientation dominante et la plus habituelle paraît être du N.-O. au N.-E. L'angle d'inclinaison presque toujours très-marqué approche souvent de la verticale. Le plongement habituel des couches est vers le N.-O.

Zônes alternatives de schiste et de calcaire. —Les deux roches que nous avons signalées comme constituant l'élément géologique dominant, presque exclusif de terrain : les schistes et le calcaire se succédent à plusieurs reprises et forment une série de couches alternantes, auxquelles la nature et les caractéres physiques de la roche impriment un cachet distinct et caractéristique, dont l'influence se fait remarquer tant dans les produits que dans l'aspect général et la configuration du sol.

Les zônes schisteuses se dessinent ordinairement en relief et forment des crêtes ou plutôt des séries de pitons coniques alignés, dont la hauteur atteint 1,000 et jusqu'à 1,100 mètres au-dessus de la mer, soit plus de 600 mètres au-dessus du lit des ruisseaux qui coulent à leurs pieds. Le sol schisteux, parfois entièrement dépouillé de végétation, est le plus souvent inculte ou couvert de maigres taillis de hêtre.

Les zônes calcaires, au contraire, à quelques exceptions près, se dessinent en creux et forment l'encaissement de la plupart des vallées. L'on voit bien parfois la roche se montrer à découvert, mais le plus souvent elle disparaît sous une couche de terre végétale très-propre à la culture; et c'est aux zônes calcaires qu'appartiennent les parties les moins infertiles de cette région.

Les bandes alternativement calcaires et schisteuses se succèdent à de courts intervalles, aussi n'en compte-t-on pas moins de 15 depuis la montagne de Roque-Ventouse, située à l'extrémité S.-O. du département jusqu'au pic de Rostes, placé à la limite Nord du terrain de transition. Bien que les éléments constituants de ces diverses bandes offrent entre eux une grande analogie, une observation attentive fait cependant reconnaître, dans la plupart du moins, soit quelque élément spécial, soit quelque trait distinctif, qui les caractérise et les fait aisément reconnaître. Ce sont, tantôt des lignes de relief se dessinant, soit en creux, soit en saillie, et correspondant à une couche caractéristique, plus tendre ou plus dure que le reste du terrain. Tantôt une série de gîtes analogues, tous ouverts sur une même couche et jalonnant pour ainsi dire son affleurement. Tantôt enfin des produits spéciaux, propres à telle ou telle zône, comme les gneiss, les schistes ardoisiers, les schistes alumino-pyriteux, quelques bancs rares mais continus de grawacke, etc.

ÉLÉMENTS ACCESSOIRES SUBORDONNÉS AU TERRAIN DE TRANSITION. — Nous considérerons comme éléments accessoires ou adventifs tous ceux qui ont été introduits dans le terrain, postérieurement à sa formation. Leur existence peut se rattacher à divers ordres de phénomènes distincts.

Les uns déjà préexistant à l'état de fusion dans le sein de la terre ont été introduits, par voie d'injection, à travers les fissures ou les crevasses des roches déjà consolidées : ce sont les roches éruptives.

D'autres se sont formés sur place lentement, par la concentration des émanations volcaniques, sur les parois des conduits de dégagement : ce sont les filons,

D'autres enfin sont le résultat de la réaction des mêmes émanations volcaniques sur les masses minérales, à travers lesquelles ces émanations sont venues au jour : ce sont les roches métamorphiques.

De là, ainsi que nous l'avons déjà fait remarquer précédemment, trois sortes de produits bien distincts, quoique émanant d'une même source :

1° *Les roches plutoniques* : Produits immédiats et instantanés des phénomènes éruptifs amenés au jour tout formé au moment même de l'éruption ;

2° *Les filons* : Produits non moins directs des mêmes phénomènes, mais lentement élaborés et créés sur place postérieurement à l'éruption ;

3° *Les roches métamorphiques* : produits mixtes des émanations plutoniques et des matières minérales préexistantes.

ROCHES ÉRUPTIVES. — Les roches éruptives observées dans ce district sont :

Le granite, le porphyre, le basalte.

GRANITE. — Le *granite* appartient à la variété porphyroïde, la même qui constitue le massif granitique de Lacaune et du Sidobre. Il se montre dans un seul point, entre Meynes et Lastiouses, où il occupe une surface d'environ 3 kilomètres carrés.

BASALTE. — Le *basalte* n'existe également que dans une seule localité, formant un piton très-élevé (le puech de Mourgès), au point de partage des vallées de l'Orb et de Lanuéjouls.

PORPHYRES. — MODE DE GISEMEMT DES PORPHYRES. — Quant aux *porphyres*, ils sont répandus avec une grande abondance sur presque toute l'étendue de ce district métallifère, principalement à l'extrémité sud-est du département, aux environs de Saint-Pierre-des-Cats, Mélagues, Corbières, Sadde, Bobes, Tauriac, Virazols. On les trouve dans les schistes et dans le calcaire à l'état de filons et d'amas injectés : ces filons, présentant quelquefois une épaisseur à peu près uniforme, une direction parallèle à la stratification du terrain, semblent alors constituer de véritables couches et faire partie intégrante du terrain de transition ; mais un court examen suffit pour faire reconnaître leur origine éruptive. Le plus remarquable de ces filons couches est celui que l'on observe dans les montagnes de Marcou , un peu au sud de Mélagues , et qui de là , se dirigeant vers l'Est-Nord-Est , coupe la vallée de l'Orb un peu au-dessus d'Avesne et va se perdre aux environs de Brès sous les dépôts jurassiques , parcourant ainsi , avec une épaisseur constante de 18 à 20 mètres et en se maintenant toujours dans la même zône schisteuse au même niveau géologique , une longueur de plus de 7 à 8 kilomètres.

Cette disposition des porphyres en couches se fait remarquer aussi sur quelques autres points ; néanmoins, leur disposition habituelle est en amas et filons irréguliers.

Composition minéralogique des porphyres. — Pate albitique. — Quoique appartenant selon toute apparence à une même classe de roches éruptives , les porphyres de cette région présentent plusieurs variétés distinctes par leur aspect , leur texture , leur composition même : la pâte seule paraît ne point changer. Cette pâte , probablement albitique , est céroïde , à cassure esquilleuse , de couleur verte , grise , rose ou violette ; rarement elle compose à elle seule la roche : l'on en voit cependant quelques exemples , notamment aux environs de Corbières , de Fonserène et sur le pic de Merdelon. Le porphyre passe alors à une véritable eurite grenue ou compacte ; mais le plus souvent l'on trouve dans la pâte divers cristaux disséminés , dont la nature et l'abondance relative caractérise les diverses variétés de porphyres. Parmi ces cristaux l'on remarque :

1° des cristaux de feldspath orthose blanc ou rose de 2 à 3 et jusqu'à 6 centimètres de longueur, présentant presque invariablement l'hémitropie parallèle aux faces g¹ et très-rarement une forme prismatique simple composée des faces P, M, g¹, avec la troncature a ¹/² ;

2° Des cristaux également feldspathiques plus petits ,

se fondant dans la pâte dont ils ont la couleur et présentant assez fréquemment le clivage strié caractéristique de l'albite ;

3° Des cristaux presque toujours informes, parfois dodécaèdres, de quartz gris comparativement rare ;

4° Des lamelles hexagonales de mica vert-foncé ou brun ;

5° Enfin, des cristaux décomposés ou plutôt des taches terreuses d'une matière verdâtre ou vert jaunâtre, peut-être amphibolique. Cette dernière substance ne parait pas former partie essentielle de la roche ; je ne l'ai guère trouvée que dans les porphyres rose et rouge-brun de Bobes.

Ces divers éléments diversement groupés produisent les diverses variétés de porphyre que l'on observe dans ce district. Parmi ces variétés, les plus communes sont :

1° L'eurite compacte ou grenue, le plus souvent micacée ;

2° Le porphyre granitoïde formé des mêmes éléments que la variété précédente, mais contenant, en outre, de grands cristaux d'orthose ;

3° Le porphyre quartzifère produit par l'adjonction de grains de quartz aux éléments du porphyre granitoïde.

La première variété, l'eurite simple ou micacée, est celle qui accompagne le plus habituellement les gîtes métallifères. Cette loi n'est cependant pas sans exception : ce serait, du reste, se tromper que de vouloir faire de ces variétés autant d'espèces indépendantes l'une de l'autre et dont la production se rattacherait à des phénomènes distincts : les faits donneraient un démenti formel à une telle opinion. L'on voit, en effet, assez fréquemment les trois variétés réunies dans un même filon, dans un même amas éruptif, passer graduellement de l'une à l'autre.

La distribution des points d'éruption porphyriques n'est soumise à aucune loi de symétrie, ils semblent semés sans ordre et au hasard dans toute l'étendue de ce district ; mais l'on ne peut s'empêcher de reconnaître des rapports évidents de position entre les points d'éruption et les gîtes métallifères que nous allons passer en revue.

Ces gîtes se font remarquer entre tous ceux de l'Aveyron, tant par la riche variété des minéraux, que par la multiplicité des affleurements. De nombreuses traces d'anciens travaux attestent qu'à une époque déjà reculée ils furent l'objet de recherches entreprises sur une assez grande échelle, peut-être même d'une exploitation considérable, et, dans ces derniers temps, ces mines ont été jugées assez importantes pour motiver diverses concessions tant dans le département de l'Hérault que dans le département de l'Aveyron.

Les travaux de recherches, poussés d'abord avec activité et non sans quelque succès par les concessionnaires, furent abandonnés il y a six ou sept ans.

Les principaux points d'attaque étaient, en allant du Sud au Nord :

1° Corbières; 2° Fonserène; 3° La Barre.

D'autres fouilles beaucoup moins importantes ont été pratiquées, en outre, dans les intervalles compris entre ces trois points principaux, notamment sur le flanc méridional du grand dike quartzeux qui couronne la colline de Meynes, aux environs de Lastiouse, et un peu au sud de la butte basaltique du Puech-Mourgès.

Il suffit de jeter les yeux sur la carte où se trouvent indiqués ces points d'attaque des gîtes métallifères, pour reconnaître qu'ils sont tous compris dans une zône étroite, dirigée à peu près N.-S., parallèlement à la ligne de faite qui, dans ce point, forme la limite des deux départements de l'Aveyron et de l'Hérault.

Si l'on tient compte, en outre, de la constitution géologique du terrain, l'on reconnaît également que les gîtes attaqués se trouvent indistinctement dans toutes les formations de cette contrée, car l'on voit des affleurements de filons cuprifères, dans le calcaire et le porphyre, à Corbières; dans le porphyre et le schiste, à Fonserène; dans les schistes, à Meynes; dans le porphyre et le granite porphyroïde entre Meynes et

Lastiouse ; dans le schiste et le calcaire, à La Barre, et sur les collines qui avoisinent le Puech-Mourgès.

Les conséquences naturelles de ces deux faits, sont : 1° que la force qui a amené au jour les filons métalliques de ce groupe s'est principalement exercée dans la direction N.-S.; 2° que la production de ces filons, ou du moins leur remplissage définitif, est postérieur à la formation, non-seulement des terrains de transition, mais encore des porphyres et des granites injectés dans ces terrains.

L'état d'abandon des travaux, l'impossibilité où l'on se trouve de les explorer, ne permettent guère de reconnaître avec certitude l'allure et le degré d'importance des gîtes ; les affleurements ne se montrent que rarement à la surface et sur de faibles étendues ; aussi n'est-il possible de les reconnaître que d'une manière imparfaite, et dans les seuls points où les fouilles les ont mis à nu.

Gite de Corbières. — A Corbières, le filon métallifère se montre sur une certaine longueur ; il a été attaqué sur divers points à 2 ou 300 mètres à l'ouest du village de Corbières, soit au fond du ravin, soit sur les flancs de la colline escarpée contre laquelle est adossé le village. Le minérai consistant en cuivre carbonaté vert et bleu, en cuivre panaché et pyriteux, cuivre gris, pyrite cuivreuse, blende et fer spathique....., a pour gangue principale un quartz blanc, tantôt saccharoïde, tantôt carié et caverneux. Il est associé à un filon assez puissant de porphyre quartzifère blanchâtre altéré, enclavé dans le calcaire d'abord jusqu'à mi-côte, et plus haut dans les schistes qui couronnent la colline. Le porphyre forme dans le calcaire une colonne assez régulière, presque perpendiculaire, à la direction des couches ; mais arrivé à la hauteur des schistes, il se divise, pénètre dans les joints de stratification pour former, soit des filons couches, soit des filons transversaux ramifiés, qui s'amincissent et se perdent bientôt.

Le filon de quartz métallifère, placé à la limite entre la roche encaissante et la roche éruptive, semble former en quelque sorte la salzbande de cette dernière, dans laquelle on le voit cependant pousser quelques ramifications. La direction du filon métallifère, comme celle des porphyres, est à peu près N.-S. Ce filon ne présente pas du reste une surface plane régulière ; autant qu'il m'a été permis d'en juger d'après la portion des affleurements qui se montre au jour, sa surface est sinueuse ; son épaisseur inégale présente tantôt des renflements, tantôt des étranglements qui en font une sorte de gîte en chapelet.

GÎTE DE FONSERÈNE.— La mine explorée dans le ravin de Fonserène est dans une position identique et probablement sur le prolongement de la mine de Corbières, dont elle n'est séparée que par une colline haute mais étroite, à arête aiguë, composée de schistes et de porphyres.

Deux puits ont été percés pour rechercher le gîte : ces puits aujourd'hui éboulés ne permettent malheureusement pas de reconnaître les conditions précises de gisement ; mais ces conditions paraissent être encore les mêmes qu'à Corbières. Le puits principal est à la séparation du schiste et du porphyre, ce qui semble assigner à la roche métallifère une position géologique parfaitement semblable.

Le minérai trouvé dans les déblais à l'orifice du puits consiste surtout en pyrite cuivreuse, cuivre panaché, galène, blende, fer spathique, pyrite de fer. Les gangues sont la baryte sulfatée et le quartz.

Le porphyre qui accompagne le minérai est lui-même métallifère, et présente dans certains points des mouches de cuivre pyriteux. Cette circonstance, jointe à l'association à peu près constante des porphyres et des minérais métalliques de ces contrées, semblerait annoncer une communauté d'origine entre les masses porphyriques et les filons métallifères ; mais une telle conclusion ne saurait être cependant rigoureusement déduite, car les schistes qui forment la roche encaissante sont eux-mêmes pyriteux, et la pénétration des émanations métalliques dans les schistes et dans le porphyre pourrait bien être le résultat du même phénomène métamorphique.

La masse porphyrique, qui accompagne le minérai de Fonserène, ne forme dans ce point qu'un filon peu puissant, parallèle à la stratification des couches ; mais l'on voit la même roche reparaître un peu plus au Nord avec un développement bien plus considérable.

Quelques autres fouilles de moindre importance ont été pratiquées, soit dans le fonds, soit sur les berges de la même vallée. L'une des plus remarquables se trouve presque au sommet de la colline de Meynes ; elle consiste en un puits percé dans les schistes, au toit d'un dike quartzeux qui forme la crête dentelée de la colline. Ce puits abandonné, comme tous les autres travaux de recherche, ne paraît pas avoir donné de résultat utile, car l'on ne voit aucune trace de minérai dans les déblais qui en ont été extraits.

DIKE QUARTZEUX MÉTALLIFÈRE DE MEYNES. — Le filon de Meynes, le plus remarquable de la contrée par ses proportions gigantesques, par sa régularité et son étendue, forme, ainsi que je viens de le dire, sur la croupe de la colline qu'il parcourt dans toute sa longueur, une crête dentelée aux découpures aiguës, dont la hauteur atteint parfois 7 à 8 mètres.

Il est composé de quartz blanc carié, contenant dans quelques points un peu de cuivre carbonaté. On peut le suivre à une très-grande distance sans en perdre la trace. On le voit d'un côté, après avoir franchi le col de la Devèze, se diriger à l'Ouest 10 à 12° N. sur les flancs de la colline qui s'abaisse vers Tauriac ; de l'autre côté, il traverse la vallée de l'Orb, entre Marqués et la Siffrière, et de là, se dirigeant vers l'Est, Sud-Est, semble se rattacher à cette longue série de gîtes cuprifères, dont les indices se montrent de distance en distance, formant un alignement un peu courbe entre le Brès et Tailleven, près de Lunas.

PORPHYRES ET GRANITES COMPRIS ENTRE MEYNES ET LASTIOUSES. — Le dike quartzeux de Meynes constitue sur une assez grande longueur un filon limite, ayant au toit les schistes de transition, au mur le porphyre quartzifère : cette dernière roche passe bientôt et par degrés à un granite pophyroïde, composé des mêmes éléments minéralogiques que le porphyre, dont il ne semble différer que par un état cristallin plus parfait. Les minéraux composants du granite sont de grands cristaux de

feldspath orthose , des cristaux plus petits , moins nettement cristallisés , souvent maclés d'un feldspath qui
présente les caractères de l'albite , du quartz hyalin et
du mica vert ou brun.

LIAISON DU PORPHYRE ET DU GRANITE. — Nous avons
déjà vu que la pâte albitique des porphyres présente
très-fréquemment des parties cristallines, dans lesquelles on retrouve le clivage strié du feldspath du sixième
système. Un accroissement dans la proportion de ces parties cristallines , une diminution correspondante dans
la proportion de la pâte compacte , nous conduisent peu
à peu à la composition exclusivement cristalline du granite. Cette modification progressive n'est pas simplement hypothétique , elle existe en réalité et établit une
transition toute naturelle entre les porphyres granitoïdes et les granites porphyroïdes de cette localité.

Il n'y a rien de bien déterminé dans la position relative des deux roches , et tels sont leurs rapports mutuels
de gisement , qu'il serait difficile de tracer entre elles
une ligne divisoire , de dire où l'une finit pour faire place
à l'autre. L'on remarque , néanmoins , que le granite
compose la partie centrale de la masse éruptive , dont
le porphyre forme en quelque sorte la couronne exté-
rieure , et peut-être pourrait-on tirer de cette disposition quelque induction sur la nature des causes qui ont
pu , suivant le mode de gisement , produire dans la même roche la structure porphyrique ou granitoïde. L'on
conçoit , en effet , que cette différence de structure
puisse être le résultat d'une différence dans les conditions physiques ou mécaniques , sous l'influence desquelles s'est opérée la solidification de la roche. Ainsi ,
sans parler des effets métamorphiques dus au contact de
la roche encaissante , il est naturel de supposer qu'un
refroidissement plus rapide produit par le contact de ces
mêmes roches , qu'une pression plus grande due à leur
résistance , ont pu contrarier les phénomènes de cristallisation , de telle sorte qu'une roche , dont la solidification lente et tranquille a produit dans les grandes masses une structure granitoïde , se présente au contraire
dans les filons et les petits amas sous l'apparence d'une
roche porphyroïde ou même compacte.

9

Quoiqu'il en soit , du reste, de cette explication théorique , il n'est guère possible de douter que les granites et les porphyres des environs de Meynes ne soient le produit d'une seule et même action géologique. Cette association de porphyres quartzifères et de granite constitue la masse éruptive la plus considérable de cette contrée ; elle forme exclusivement le sol sur une étendue de plus de deux kilomètres en tout sens. Le filon de Meynes semble former la salzbande colossale de ce massif, et nous montre la reproduction en grand de cette disposition relative que nous avons remarquée entre les masses porphyriques et les filons quartzeux métallifères des environs de Corbières.

RECHERCHES DES ENVIRONS DE MEYNES ET LASTIOUSES. — L'on trouve dans plusieurs points les traces d'anciennes fouilles entreprises sur cette masse mi-partie granitique et porphyrique. La plupart de ces fouilles ne paraissent avoir donné que de la baryte sulfatée , très-peu chargée de cuivre carbonaté et de pyrite cuivreuse. L'on remarque, néanmoins, au chevet du ravin étroit qui débouche dans la vallée de l'Orb , un peu en amont de la Siffrière , des déblais moins stériles. Les tranchées ou galeries qui les ont fournis sont comblées, et l'on a même de la peine à en reconnaître la trace. Le filon n'est point d'ailleurs apparent à la surface ; il est donc impossible de rien dire de positif sur son allure.

La roche encaissante est le porphyre quartzifère.

La gangue est de quartz , plus rarement de baryte sulfatée.

Quant aux minéraux métallifères , les seuls que j'y ai trouvés , sont : le sulfure de cuivre , la bournonite , la pyrite de fer et la blende.

En continuant à suivre vers le Nord la crête des montagnes qui séparent la vallée de l'Orb de la vallée de la Niose, l'on trouve encore de loin en loin des indices d'anciens travaux de recherche, la plupart tout-à-fait superficiels et paraissant n'avoir fourni que de la baryte sulfatée, très-faiblement imprégnée de carbonate de cuivre. Ces indices , très-peu importants au point de vue industriel , ne sont point sans intérêt pour le géologue , dont ils guident les pas sur les traces de ces gîtes métallifères que l'on voit surgir indistinctement à travers le granite, le porphyre, le calcaire et le schiste de transition sur toute l'étendue d'une longue bande dirigée à peu près N.-S.

GITE DE LA BARRE. — A l'extrémité Nord de cette bande, en déviant un peu vers l'ouest, l'on trouve encore au fond d'un ravin, près du hameau de La Barre, une autre mine où les travaux de recherches paraissent avoir acquis un certain développement. L'entrée de la mine est obstruée, et le gite métallifère ne se montre pas au jour. Il a été attaqué par une galerie débouchant dans le lit du ravin et dirigée vers le Sud. Un amas considérable de déblais, dans lesquels on trouve quelques échantillons assez riches échappés au triage, semble annoncer que ces recherches n'ont pas été sans quelque succès. La galerie a son orifice dans les schistes, mais à quelques mètres seulement de la limite du calcaire.

Le minérai extrait de la mine de la Barre, autant que j'ai pu en juger par le petit nombre d'échantillons trouvés dans les déblais, consistait en cuivre carbonaté, cuivre gris et bournonite ; la gangue dominante est la baryte sulfatée : l'on y trouve aussi, mais en moindre quantité, du quartz hyalin.

Les gîtes compris dans la zône métallifère que nous venons de parcourir ne sont pas les seuls gîtes cuprifères de la contrée ; la plupart des filons de quartz et de baryte sulfatée, si communes dans cette région, présentent des indices de minérais métalliques. Je citerai notamment les filons de Saint-André-de-Rieusec, de Coural, du ravin de Brès, près de Foncaude, ceux de la vallée de l'Orb, près de Siffrières.......

Il n'y a rien de bien régulier dans la distribution topographique de ces filons ; il est à remarquer cependant que tous ceux qui ne sont point compris dans la longue bande métallifère dirigée N.-S., entre Servie et la Barre, se rattachent plus ou moins directement à une seconde bande que j'ai indiquée déjà, et qui, partant du grand dike quartzeux de Meynes, se dirige vers Tailleven en passant par la grange de Brès. La direction générale de cette seconde zône, comprise presque tout entière dans le département de l'Hérault, est du N.-O. au S.-E, mais à son extrémité Nord elle se replie très-sensiblement vers l'Ouest.

Une circonstance digne de remarque , c'est que le point, où les gîtes métallifères plus abondants ont donné lieu à des recherches plus multipliées et plus fructueuses , coïncide à peu près avec le point de croisement des deux zônes. Je ferai remarquer enfin que dans ce même point (aux environs de Fonserène et de Corbières) où les gîtes métallifères semblent s'être groupés plus nomnombreux , l'on remarque aussi une plus grande abondance et un plus grand développement des roches porphyroïdes ; soit que l'on doive attribuer cette coïncidence dans la concentration des gîtes métalliques et des roches éruptives à des rapports communs d'origine et d'âge , soit qu'on l'attribue à la facilité plus grande que les émanations métalliques ont dû trouver pour arriver au jour à travers un terrain déjà brisé et fissuré, par l'éruption des roches porphyriques et granitiques.

Chacune de ces deux hypothèses semble également propre à expliquer les relations de voisinage des porphyres et des filons métallifères; mais certains faits observés tendraient à faire supposer que la formation des filons est postérieure à l'éruption des porphyres , dans lequel nous les avons vus pénétrer à Fonserène , à Corbières , aux environs de Lastiouses....... (1).

(1) Les filons des environs de Fayet, Sylvanès , Oayre, ayant été décrits dans mon journal de voyage de 1850—51 , je m'abstiens de reproduire ici cette description, qui doit compléter l'étude du district de Sénomes et Corbières.

Il en est de même de la mine de Brusque, qui appartient au même district. Cette mine, découverte postérieurement à la rédaction de ce mémoire , occupe l'un des premiers rangs parmi les gîtes métallifères de l'Aveyron ; elle nous fournira le sujet d'une notice spéciale.

District métallifère de CORBIÈRES et SYLVANÈS.

Nos D'ORDRE.	DÉSIGNATION DES FILONS ET LIEUX D'OBSERVATIONS.	GISEMENT.				MINÉRAUX CONSTITUANTS.		OBSERVATIONS.
		ROCHE ENCAISSANTE.	DIRECTION en degrés.	DIRECTION en heures.	INCLINAISONS.	GANGUES.	MINÉRAIS MÉTALLIQUES.	
111	Corbières	Schistes et calcaire de transition. Porphyres.	N.-S.	12	»	Quartz blanc saccharoïde.	Cuivre carb., cuivre gris, cuivre panaché, cuivre pyriteux, blende, fer spathique.	
112	Fonserène	Porphyre quartzifère et schistes de transition.	»	»	»	Quartz et baryte sulfatée.	Cuivre panaché et pyriteux, cuivre gris, blende, galène, fer spathique.	
113	Meynes	Schistes de transition et porphyres quartzifères	O. 12° N. à O.-N.-O.	H. 7 H.7 1/2	63 S. 12 O.	Quartz.	Cuivre carbonaté.	
114	Saint-André-de-Rieussec ...	»	O. 40° N.	H. 7	75, N. 10.E.	Quartz haché carié. . .	Id.	
115	Autre un peu plus au Nord.	Calcaire de transition..	N.-O.	H. 9	Vertical.	Id.	Id.	
116	Mas-Marquès	Terrain de transition...	N. 40° O.	H. 11	Id.	Id.	Cuivre carbonaté et pyrite cuivreuse.	
117	Lastiouses.	Porphyre et granite . .	»	»	»	Quartz, baryte sulfatée..	Cuivre gris, bournonite, blende, pyrite.	
118	La Barre.	»	»	»	»	Baryte sulfatée, quartz..	Id.	
119	Roqueféral.	Schistes de transition endurcis.	N. 30° O.	H. 10	75 E. 30 N.	Quartz.	Hématite brune.	
120	Ouyre.	Calcaire de transition..	N. S à 10 E.	H. 4 1/2	»	Chaux carbonatée. . . .	Cuivre carbonaté, cuivre gris.	
121	Promilhac	Schiste de transition. .	E.-N.-E.	H.4 1/2	50 N.-N.-O.	Quartz hyalin.	Id.	
122	Bouche-Payrol.	Terrain de transition calcaire.	N.-E.	H. 3	40 N.-O.	Quartz hyalin , baryte sulfatée.	Cuivre carbonaté.	
123	Puy-de-Rostes. . . .	Terrain de transition et schiste calcaire...	N. 23° O.	10 1/4	»	Quartz et baryte sulfatée.	Pyrite cuivreuse , bournonite , cuivre carbonaté, fer spathiq., oxyde d'antim.	
124	Dike quartzeux , même lieu.	Schiste de transition. .	N. 40° E.	H. 1	75 à 80° O. 40° N.	Quartz.	»	
125	La Baume	Id.	N. un peu O.	H. 11	»	Quartz saccharoïde grenu	Chaux carbonatée, cuivre gris, antimoine sulfuré.	
126	Mas-d'Andrieu. . . .	Trias.	E.-N.-E.	H.4 1/2	»	»	Chaux carbonatée, cuivre gris.	

RÉSUMÉ. — CONCLUSIONS.

Si maintenant nous jetons un regard rétrospectif sur l'ensemble des faits consignés dans ce mémoire, afin d'en mieux saisir l'enchaînement et les conséquences, nous y trouverons la confirmation des principes que nous avons posés d'abord.

Les observations recueillies, les discussions auxquelles elles ont donné lieu nous ont démontré que le sol de l'Aveyron recéle dans presque toute son étendue des richesses minérales métalliques.

Les phénomènes géologiques, les agents dont la nature s'est servie pour concentrer ces richesses métalliques dans certaines parties de l'écorce terrestre et les mettre en quelque sorte sous la main de l'homme, ont laissé dans tout le département des traces nombreuses, qui attestent la continuité autant que la généralité et l'énergie de leur action.

Les gîtes métallifères, ainsi que les produits minéraux, les accidents géologiques, qui dépendent des mêmes causes génératrices, se trouvent en effet, comme nous l'avons vu :

1° Dans toutes les parties du département :

2° Dans toutes les formations géologiques.

De l'extrême diffusion des gîtes dans les lieux les plus éloignés, nous pouvons conclure à *la généralité* des phénomènes producteurs ;

De la présence des minérais dans tous les terrains, non-seulement à l'état d'élément accidentel, mais encore à l'état d'élément congénère, nous pouvons conclure à la *continuité* des mêmes phénomènes ;

Enfin de la multiplicité des gîtes nous concluerons à la *puissance d'action*.

Néanmoins, quel que soit le caractère de généralité des phénomènes qui ont présidé à la distribution des minérais métalliques dans le sol de l'Aveyron, l'on ne peut s'empêcher de reconnaître que cette distribution est restée subordonnée à certaines lois de relations qui établissent une analogie incontestable entre les gîtes de cette contrée et ceux de plusieurs régions métallifères bien connues, telles que la Toscane, le Hartz, l'Oural, la Suède,

Parmi ces lois de relation, nous citerons en première ligne les conditions de gisement, la position constante des filons métallifères sur le pourtour des massifs granitiques, et leur liaison plus directe, plus immédiate avec les roches éruptives trapéennes, qui forment dans nos contrées le cortége habituel des granites. Leur concentration dans certains districts caractérisés par l'abondance de ces roches trapéennes et plus particulièrement des serpentines et des porphyres feldspathiques, leur tendance habituelle vers un petit nombre de directions privilégiées, presque toutes comprises dans le cadran S.-O., tendance sur laquelle l'inspection de la fig. 2, pl. VIII ne peut laisser aucun doute ; la concordance qui existe entre les directions habituelles des filons et celle des principaux accidents géologiques, tels que failles, dislocations de couches ; la pénétration des filons dans tous les terrains, jusques et y compris les terrains jurassiques ; l'influence de la roche encaissante sur la puissance et l'allure des gîtes.

Telles sont les lois générales, sous l'action desquelles paraissent avoir été produits non-seulement les gîtes des principaux groupes métallifères, mais encore ceux que l'on trouve disséminés en dehors de ces districts.

Si, poussant l'analyse plus loin, nous passons des faits généraux aux caractères particuliers qui distinguent les divers groupes, nous trouvons que ces caractères peuvent se résumer ainsi :

1° *Pour le district de Najac.*

Tous les gîtes de ce district consistent en filons habituellement bien réglés, caractérisés par une gangue de quartz à éclat gras, très-rarement associé à la baryte sulfatée : par la présence de carbonates terreux ou métallifères ; par la variété des minérais métalloïdes ; par la cristallinité de ces mêmes minérais et notamment par les blendes lamelleuses et les galènes à larges facettes ; par l'abondance des matières cuprifères qui se retrouvent dans tous les filons, presque sans exception, et forment même souvent l'élément métallique dominant.

Si l'on juge de l'allure générale d'après celle des filons explorés, le minérai bien que disséminé assez régulièrement formerait des massifs de richesse variable disposés en colonnes. La teneur métallique de quelques minérais est très-considérable : ils contiennent souvent de l'argent en forte proportion.

La direction des filons de ce district varie de hora 7 à hora 10.

Le plongement est toujours vers le N.

La roche encaissante est presque toujours le gneiss ou les schistes micacés et talqueux; mais l'on voit aussi quelques filons pénétrer dans le granite, dans les diorites et les serpentines. Plusieurs paraissent s'arrêter à la ligne de séparation des gneiss et du trias. L'on en voit néanmoins deux pénétrer jusque dans les couches du lias et de l'infrà-lias à Santou et à la Croisille.

Les serpentines abondent dans ce district, et tout porte à croire que les émanations métalliques condensées dans les filons n'ont point d'autre source. Les dislocations produites par l'éruption de ces roches sont généralement dirigées vers le N.-O. ou le N. 40° O., direction qui diffère peu de l'orientation moyenne des filons.

Il n'existe à ma connaissance ni source minérale ni minérai en couches dans ce district; mais l'on y trouve quelques roches massives métallifères. Les serpentines de la Guépie contiennent des mouches de pyrite cuivreuse, et l'on voit au-dessous de Pradines un filon d'eurite imprégné de pyrite de fer.

Les roches métamorphiques abondent aussi dans le voisinage des masses éruptives : elles consistent surtout en diorites et gneiss amphibolique grenatifères.

2° *Dans le district de Villefranche.*

Les minérais métalliques se trouvent en filons proprement dits, en amas ou gîtes irréguliers de forme indéterminée, en couches.

Les filons présentent, pour la plupart, des conditions de gisement analogues à celles que nous avons trouvées dans les filons du district de Najac ; mais ils en diffèrent par quelques caractères essentiels.

La *gangue* dominante est bien encore le quartz ; mais ce quartz est habituellement saccharoïde, grenu, hâché, parfois cloisonné, âpre au toucher, et n'offre plus l'aspect gras que nous avons remarqué dans les filons du système serpentineux. La baryte sulfatée est beaucoup moins rare et devient le satellite assez habituel du quartz, tandis que les carbonates de chaux et de fer disparaissent presque entièrement.

Des modifications correspondantes se font remarquer dans les matières métalloïdes ; ces matières sont moins variées et moins cristallines, les minérais cuprifères sont plus rares ; l'on en trouve bien encore dans quelques filons, mais ils ne semblent plus jouer qu'un rôle secondaire. Le minérai dominant est la galène à petites facettes, finement disséminée dans la gangue quartzeuse et fréquemment accompagnée, aux affleurements du moins, de plomb phosphaté jaune et vert. Ces minérais sont parfois très-argentifères, notamment à Pesquiès, Pénevayre, Vialardet, La Pale.....

Les roches encaissantes sont le granite, le porphyre euritique et surtout le gneiss et les micachistes. Un seul filon a été signalé dans les terrains secondaires (jurassique) à Toulonjac. L'orientation des filons affecte, comme dans le district précédent, une tendance marquée vers une direction dominante (hora 8 à 9). Néanmoins les déviations sont plus fréquentes.

Les eurites abondent dans ce district ; les serpentines, au contraire, y sont excessivement rares : il y a donc une distinction non moins marquée dans la nature des roches éruptives, source des émanations métallifères, que dans la composition même des gîtes.

Les roches métamorphiques assez communes consistent principalement en gneiss et schistes endurcis, silicifiés, quelquefois grenatifères.

Indépendamment des minérais en filons, l'on trouve au pied de la falaise schisteuse une couche fort régulière de fer hydroxidé carbonaté, exploitée à Veuzac et Cazac. Cette couche subordonnée au terrain jurassique se trouve à la hauteur du calcaire à *gryphæa cymbrium.*

3° *Dans le district d'Asprières.*

Les caractères des filons sont à peu près les mêmes que dans le district de Villefranche. Les gangues sont les mêmes, mais la baryte sulfatée se montre beaucoup plus abondante et forme à elle seule des filons puissants. Les minérais dominants sont la galène à fines facettes et le plomb phosphaté : l'on y voit à peine quelques traces de matières cuivreuses.

Tels sont du moins les caractères des gîtes situés dans la partie E. et S.-E. du district, à La Caze, La Carsenie, Peyremale, Tournhac, Le Minier, gîtes qui, sous le rapport de l'allure et de la composition, présentent une identité complète avec ceux des environs de La Bastide. Dans la partie occidentale du district, les filons de Cabrespines, de l'Estiflols, présentent des caractères un peu différents : la baryte sulfatée tient encore une large place dans les gangues, mais le quartz prédomine presque toujours, et parmi les minérais métalliques dominants, on retrouve les minérais cuprifères et les galènes à larges facettes.

Les roches éruptives de cette région sont le granite, les diorites, les amphybolites et les eurites passant à un porphyre amphybolique. C'est à ces trois dernières variétés de roches que paraissent principalement liés les gîtes métalliques. Les roches feldspathiques dominent dans la partie orientale ; les roches amphyboliques dans la partie occidentale, et peut-être cette différence dans la nature des foyers éruptifs n'a-t-elle pas été sans influence sur les modifications indiquées dans la composition des gîtes, modifications qui rappellent celles que nous avons déjà signalées comme caractères distinctifs entre les gîtes du système euritique et les gîtes du système serpentineux.

Les filons du district d'Asprières se montrent dans toutes les roches cristallines, granite, diorite, gneiss, schistes micacés, et pénètrent même dans les terrains jurassiques.

Leur direction constante est à peu près la même que celle des filons des districts de Villefranche et de Najac (de H. 7 à H. 8).

Les matières métalliques principalement condensées dans les filons se trouvent encore disséminées, soit dans les roches massives, soit dans les terrains stratifiés. Les diorites du plateau de Sonnac, fortement imprégnés de fer oxydulé titanifère, présentent, en outre, près de Paysan quelques mouches de pyrite cuivreuse. Quant aux minérais en couche, ils existent à deux niveaux différents dans le terrain jurassique ; ce sont les grès ferrugineux infrà-liasique de Tensou , le minérai hydroxydé oolitique des environs de Saint-Igest , prolongement de la couche de Veuzac.

4° *Dans le district de Creissels et du Minier-du-Tarn.*

L'origine des filons métallifères paraît se rattacher à l'éruption des roches amphyboliques presque toujours associées dans nos contrées aux serpentines dont elles semblent être l'équivalent géologique; aussi retrouvons-nous dans les gîtes de ce district la plupart des caractères que nous ont montré les filons du système serpentineux de Najac. Les matières cuivreuses existent dans presque tous les filons , en proportion souvent considérable ; elles sont associées à la blende et à la galène. Les gangues sont de quartz et de baryte sulfatée : cette dernière abonde surtout aux affleurements de quelques gîtes : sa proportion est généralement inverse de celle des minérais métalliques et surtout des minérais de cuivre. Les parties riches des filons paraissent former des massifs disposés en colonnes qui se prolongent verticalement à une grande profondeur ; la teneur des filons en matière métallique et notamment en cuivre semble augmenter à mesure que l'on pénètre plus avant.

Sans être aussi riches en argent que les minérais de Pénevayre , du Mas-du-Bouyssou , de La Serène , de Maguols , de Pesquiés , les galènes de cette région sont très-notablement argentifères.

Tous les filons sont encaissés dans les terrains jurassiques ou dans le trias. Leur direction est comprise entre (H. 7 et H. 10) comme dans tous les districts déjà étudiés ; l'inclinaison est presque constamment vers le Sud.

5° *Dans le district de Sénomes , Corbières et Mélagues.*

Les gîtes métallifères sont généralement moins réguliers , moins continus que dans les autres : l'on y trouve bien quelques filons de quartz cuprifère dont les affleurements, faciles à suivre, souvent marqués par des dikes saillants , se prolongent sur une assez grande étendue ; mais ces filons ne contiennent , en général , que des traces de minérais , et la plupart des gîtes , doués de quelque richesse , sont peu apparents à la surface ; aussi leur allure , d'ailleurs irrégulière le plus souvent, est-elle difficile à étudier. Ces gîtes se font remarquer par la variété et quelquefois aussi par la richesse des minérais métalliques : ils sont tous cuprifères et contiennent , en outre , du plomb, de l'antimoine, du fer, du zinc. Les gangues dominantes sont le quartz et la baryte sulfatée; mais ces gangues manquent parfois entièrement surtout dans les filons enclavés dans la roche éruptive.

Contrairement à ce que nous avons observé dans les autres districts, l'orientation des filons semble n'avoir rien de constant ; peut-être cela tient-il à l'allure irrégulière des gîtes, à la difficulté de les observer sur une étendue suffisante pour bien apprécier leur direction réelle.

Ces gîtes sont groupés pour la plupart suivant une ligne dirigée à peu près N.-S. parallèlement aux principaux accidents topographiques de cette contrée.

Les filons métalliques sont généralement encaissés dans les schistes et les calcaires de transition et dans les porphyres subordonnés à ces terrains ; mais on les voit aussi pénétrer au Nord dans les terrains du trias pour s'arrêter brusquement à la hauteur des grès blancs qui forment l'assise inférieure de la formation gypseuse.

S'il nous était permis d'ajouter à cet exposé des faits quelques appréciations théoriques, qui , sans avoir le même degré de certitude , n'en sont pas moins basées sur l'ensemble des observations , nous résumerions en peu de mots l'impression laissée dans notre esprit par l'étude des filons métallifères.

Toujours en rapport ainsi que nous l'avons dit avec les roches éruptives, les fissures dont le remplissage a produit les filons, paraissent être également en relation avec les principales dislocations du sol.

Les roches éruptives , source des émanations métalliques , appartiennent toutes, si l'on excepte les porphyres quartzifères très-rares, à la classe des roches basiques. Ce sont principalement des eurites, des serpentines et des amphibolites.

La nature de ces roches, la distance des foyers éruptifs paraissent ne pas être sans influence sur le mode de remplissage des filons, sur la distribution et la proportion relative des divers minérais et des gangues.

Les filons cuprifères semblent se rattacher plus particulièrement aux serpentines ou aux amphibolites. Ils admettent presque toujours concurremment avec les matières cuivreuses un grand nombre d'autres minérais métalliques.

Les filons de plomb et de zinc contenant peu ou point de cuivre forment le cortége habituel des roches euritiques.

Dans l'intérieur même des masses éruptives, les matières métalliques se trouvent assez souvent disséminées en grains, ou en minces veinules. Quand elles forment de véritables filons, ceux-ci sont habituellement dépourvus de gangues pierreuses.

Il en est quelquefois de même dans les roches encaissantes au voisinage immédiat des masses éruptives.

Mais ces gangues abondent et acquièrent une prépondérance décourageante à mesure que l'on s'éloigne des foyers d'éruption.

La puissance, la continuité, la régularité des filons paraît être en rapport avec la solidité de la roche encaissante.

Les matières métalliques occupent généralement la partie centrale des filons.

Rarement elles sont distribuées d'une manière uniforme dans toute son étendue; les parties riches paraissent former des amas allongés, disposés en colonnes parallèles, suivant la plus grande pente des filons.

Dans la plupart des districts, l'abondance de la baryte sulfatée paraît être en raison inverse de la richesse métallique, surtout pour les minérais cuprifères.

La gangue ordinaire des filons les plus riches est le quartz; mais quand cette gangue forme des masses puissantes, homogènes, compactes dans toute l'épaisseur du filon, le minérai est rarement abondant. Le rubanement de la gangue , la présence de druses cristallines sont habituellement des indices de fécondité.

Si l'on admettait ces lois , il serait facile d'en déduire des règles pratiques pour la recherche des filons métallifères de nos contrées ; mais ce ne sont là que des appréciations personnelles , auxquelles nous ne saurions attribuer plus d'importance que n'en méritent des conclusions peut-être prématurées, et que ne justifieraient point suffisamment des observations incomplètes, nécessairement limitées à l'étude des affleurements. Ce qu'il peut y avoir dans ces conclusions , de fondé ou d'illusoire , l'avenir nous l'apprendra sans doute.

Quant à présent , ce que nous pouvons conclure avec certitude de nos observations , ce qui ne saurait être mis en doute, c'est :

1° La multiplicité des gîtes ;

2° L'énergie , la continuité d'action , la généralité des causes génératrices ;

3° La teneur métallique souvent considérable des minérais ;

4° La richesse constatée de quelques filons ;

5° L'analogie de presque tous ces filons entre eux ;

6° Les rapports constants qui , sous le double point de vue de la composition et du gisement, existent entre les gîtes de l'Aveyron et ceux des régions métallifères les plus riches.

Carmaux , ce 3 juillet 1852.

AD. BOISSE

TABLEAU SYNOPTIQUE des directions observées dans les filons métallifères du département de l'Aveyron.

DIRECTIONS OBSERVÉES dans les filons métallifères de l'Aveyron.	DISTRICT de Najac.	DISTRICT de Villefranᵉ	DISTRICT d'Asprières.	DISTRICT du Minier et Creisseᵉˢ.	DISTRICT de La Barre et Corbières	TOTAL.
1er octant. — de H. 12 à H. 1 inclus.	0	0	0	0	3	3
1er octant. — H. 1 à H. 2	0	0	0	0	0	0
1er octant. — H. 2 à H. 3	0	1	0	0	1	2
1er octant (total)	*0*	*4*	*0*	*0*	*4*	*5*
2e octant. — H. 3 à H. 4	0	0	0	0	0	0
2e octant. — H. 4 à H. 5	0	3	0	0	2	5
2e octant. — H. 5 à H. 6	0	3	0	0	0	3
2e octant (total)	*0*	*6*	*0*	*0*	*2*	*8*
3e octant. — H. 6 à H. 7	6	0	0	1	0	6
3e octant. — H. 7 à H. 8	4	4	5	9	3	25
3e octant. — H. 8 à H. 9	5	12	0	0	1	18
3e octant (total)	*15*	*16*	*5*	*10*	*4*	*50*
4e octant. — H. 9 à H. 10	3	0	0	0	1	4
4e octant. — H. 10 à H. 11	1	1	0	3	3	8
4e octant. — H. 11 à H. 12	0	0	0	0	0	0
4e octant (total)	*4*	*1*	*0*	*3*	*4*	*12*
NOMBRE TOTAL des filons étudiés..	19	24	5	13	14	75

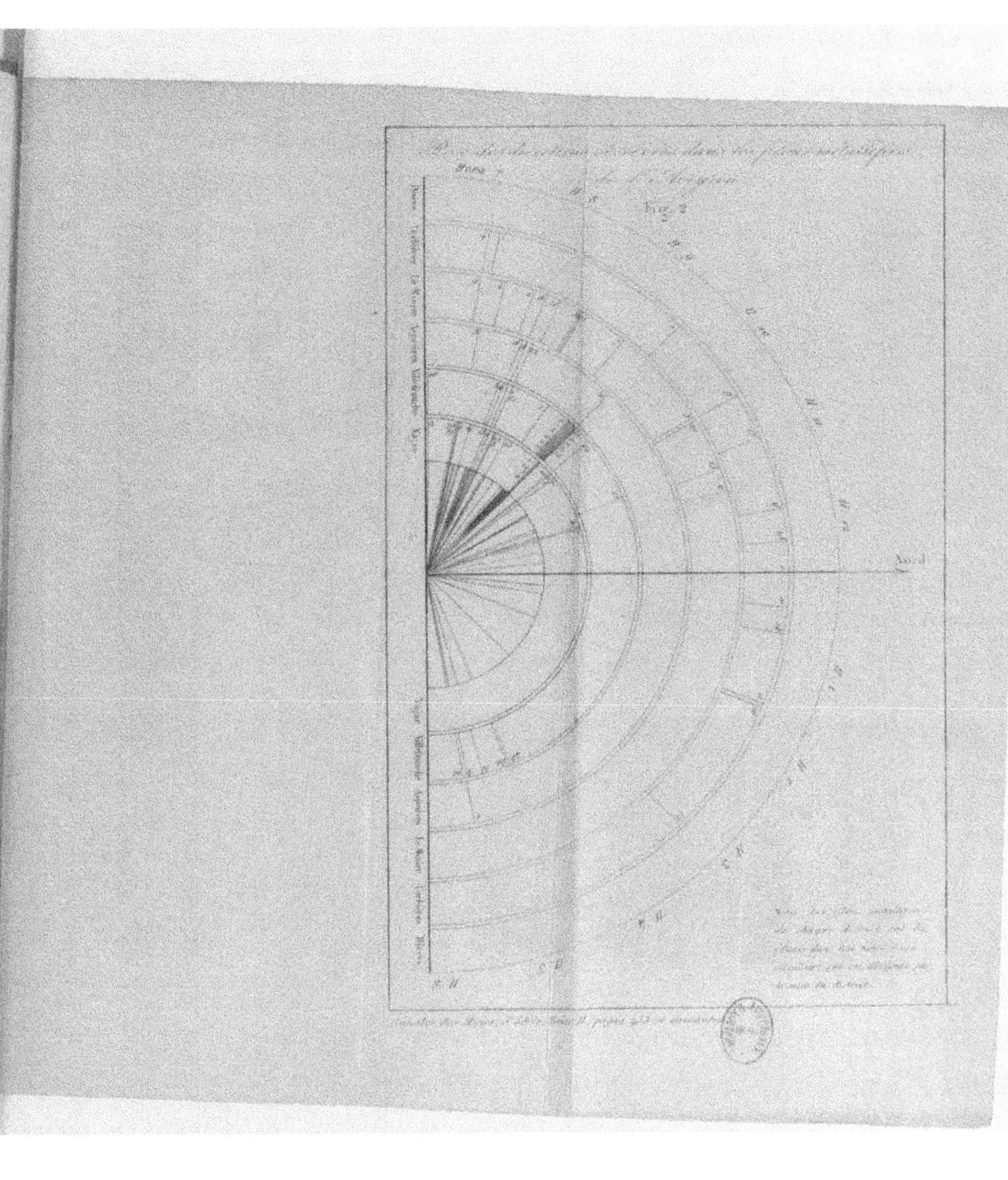

... observées dans les filons métallifères
de l'Aveyron.

Fig. 2

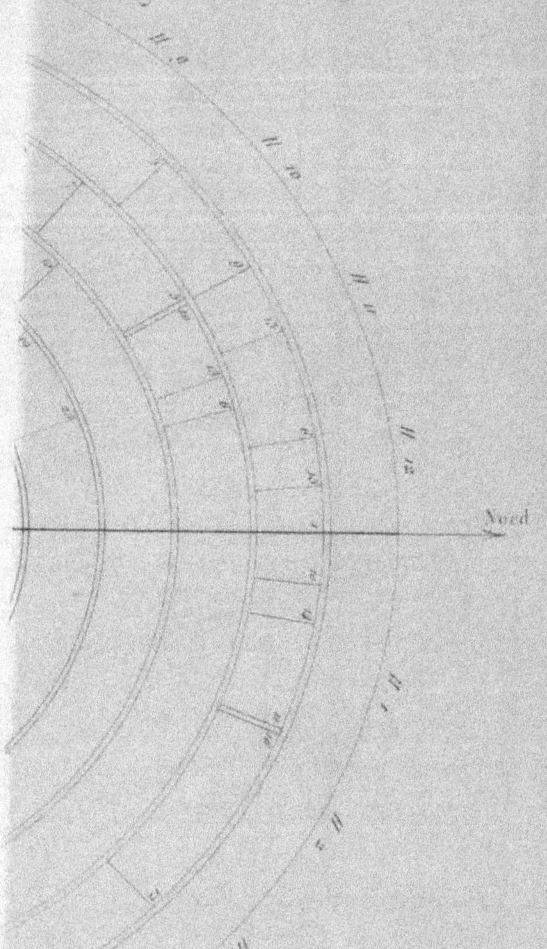

Nord

Nota. Les filons métallifères
de chaque district ont été
tracés dans une même teinte
de ... qui est désignée par
le nom du district.

N. pages 453 et suivantes.

CARTE GÉOLOGIQUE
PAR M. BOISSE
LÉGENDE
MILHAU
FIGEAC
VILLENEUVE
VILLEFRANCHE
DÉP.T DE LOT
TARN ET GARONNE

A SUPPRIMER

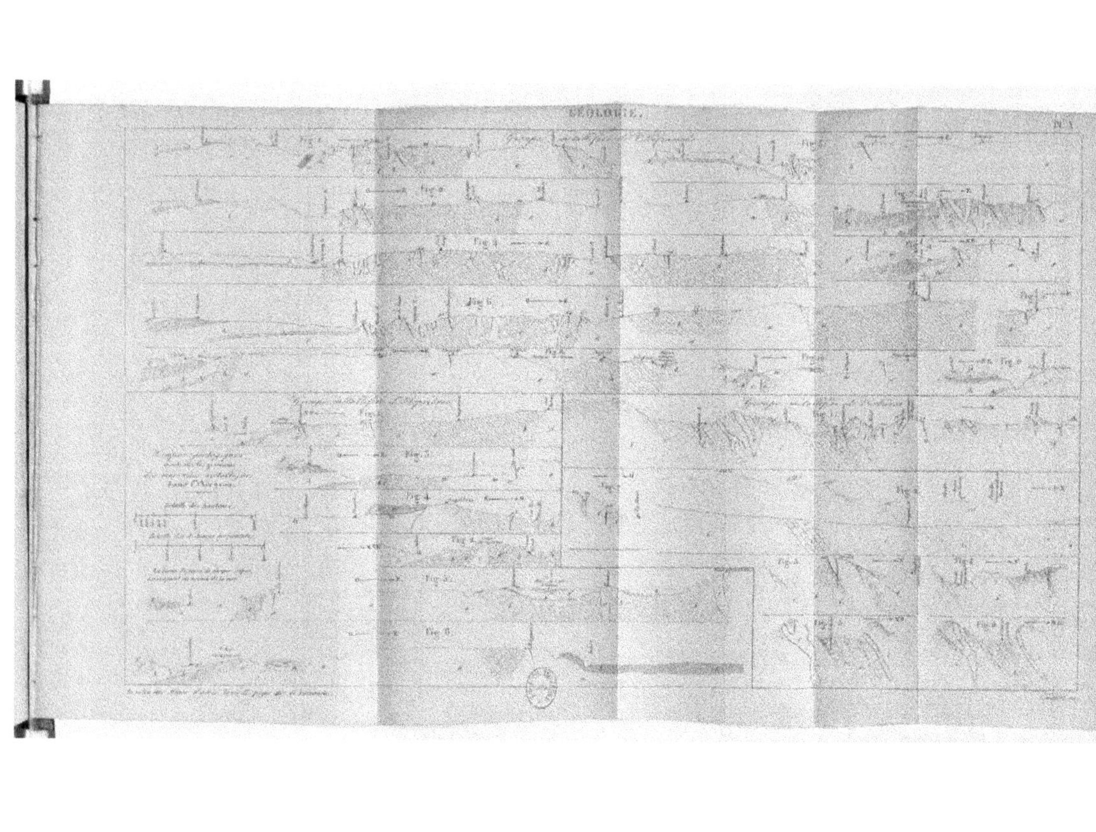

A SUPPRIMER

TABLE DES MATIÈRES.

Ch. II. — *Produits et phénomènes géologiques se rattachant à la production des gîtes métallifères.*

Ch. III. — *Documents relatifs à la teneur métallique des divers minérais.*

Rodez, imprimerie de N. RATERY.